# ПРОЕКТИРОВАНИЕ ВСПОМОГАТЕЛЬНЫХ СИСТЕМ И ОБСЛУЖИВАЮЩИХ СИСТЕМ АТОМНЫХ ЭЛЕКТРОСТАНЦИЙ

Членами Международного агентства по атомной энергии являются следующие государства:

АВСТРАЛИЯ
АВСТРИЯ
АЗЕРБАЙДЖАН
АЛБАНИЯ
АЛЖИР
АНГОЛА
АНТИГУА И БАРБУДА
АРГЕНТИНА
АРМЕНИЯ
АФГАНИСТАН
БАГАМСКИЕ ОСТРОВА
БАНГЛАДЕШ
БАРБАДОС
БАХРЕЙН
БЕЛАРУСЬ
БЕЛИЗ
БЕЛЬГИЯ
БЕНИН
БОЛГАРИЯ
БОЛИВИЯ, МНОГОНАЦИОНАЛЬНОЕ ГОСУДАРСТВО
БОСНИЯ И ГЕРЦЕГОВИНА
БОТСВАНА
БРАЗИЛИЯ
БРУНЕЙ-ДАРУССАЛАМ
БУРКИНА-ФАСО
БУРУНДИ
ВАНУАТУ
ВЕНГРИЯ
ВЕНЕСУЭЛА, БОЛИВАРИАНСКАЯ РЕСПУБЛИКА
ВЬЕТНАМ
ГАБОН
ГАИТИ
ГАЙАНА
ГАМБИЯ
ГАНА
ГВАТЕМАЛА
ГВИНЕЯ
ГЕРМАНИЯ
ГОНДУРАС
ГРЕНАДА
ГРЕЦИЯ
ГРУЗИЯ
ДАНИЯ
ДЕМОКРАТИЧЕСКАЯ РЕСПУБЛИКА КОНГО
ДЖИБУТИ
ДОМИНИКА
ДОМИНИКАНСКАЯ РЕСПУБЛИКА
ЕГИПЕТ
ЗАМБИЯ
ЗИМБАБВЕ
ИЗРАИЛЬ
ИНДИЯ
ИНДОНЕЗИЯ
ИОРДАНИЯ
ИРАК
ИРАН, ИСЛАМСКАЯ РЕСПУБЛИКА
ИРЛАНДИЯ
ИСЛАНДИЯ
ИСПАНИЯ
ИТАЛИЯ
ЙЕМЕН
КАБО-ВЕРДЕ
КАЗАХСТАН
КАМБОДЖА
КАМЕРУН
КАНАДА
КАТАР
КЕНИЯ
КИПР
КИТАЙ
КОЛУМБИЯ
КОМОРСКИЕ ОСТРОВА
КОНГО
КОРЕЯ, РЕСПУБЛИКА
КОСТА-РИКА
КОТ-Д'ИВУАР
КУБА
КУВЕЙТ
КЫРГЫЗСТАН
ЛАОССКАЯ НАРОДНО-ДЕМОКРАТИЧЕСКАЯ РЕСПУБЛИКА
ЛАТВИЯ
ЛЕСОТО
ЛИБЕРИЯ
ЛИВАН
ЛИВИЯ
ЛИТВА
ЛИХТЕНШТЕЙН
ЛЮКСЕМБУРГ
МАВРИКИЙ
МАВРИТАНИЯ
МАДАГАСКАР
МАЛАВИ
МАЛАЙЗИЯ
МАЛИ
МАЛЬТА
МАРОККО
МАРШАЛЛОВЫ ОСТРОВА
МЕКСИКА
МОЗАМБИК
МОНАКО
МОНГОЛИЯ
МЬЯНМА
НАМИБИЯ
НЕПАЛ
НИГЕР
НИГЕРИЯ
НИДЕРЛАНДОВ, КОРОЛЕВСТВО
НИКАРАГУА
НОВАЯ ЗЕЛАНДИЯ
НОРВЕГИЯ
ОБЪЕДИНЕННАЯ РЕСПУБЛИКА ТАНЗАНИЯ
ОБЪЕДИНЕННЫЕ АРАБСКИЕ ЭМИРАТЫ
ОМАН
ОСТРОВА КУКА
ПАКИСТАН
ПАЛАУ
ПАНАМА
ПАПУА — НОВАЯ ГВИНЕЯ
ПАРАГВАЙ
ПЕРУ
ПОЛЬША
ПОРТУГАЛИЯ
РЕСПУБЛИКА МОЛДОВА
РОССИЙСКАЯ ФЕДЕРАЦИЯ
РУАНДА
РУМЫНИЯ
САЛЬВАДОР
САМОА
САН-МАРИНО
САУДОВСКАЯ АРАВИЯ
СВЯТОЙ ПРЕСТОЛ
СЕВЕРНАЯ МАКЕДОНИЯ
СЕЙШЕЛЬСКИЕ ОСТРОВА
СЕНЕГАЛ
СЕНТ-ВИНСЕНТ И ГРЕНАДИНЫ
СЕНТ-КИТС И НЕВИС
СЕНТ-ЛЮСИЯ
СЕРБИЯ
СИНГАПУР
СИРИЙСКАЯ АРАБСКАЯ РЕСПУБЛИКА
СЛОВАКИЯ
СЛОВЕНИЯ
СОЕДИНЕННОЕ КОРОЛЕВСТВО ВЕЛИКОБРИТАНИИ И СЕВЕРНОЙ ИРЛАНДИИ
СОЕДИНЕННЫЕ ШТАТЫ АМЕРИКИ
СОМАЛИ
СУДАН
СЬЕРРА-ЛЕОНЕ
ТАДЖИКИСТАН
ТАИЛАНД
ТОГО
ТОНГА
ТРИНИДАД И ТОБАГО
ТУНИС
ТУРКМЕНИСТАН
ТУРЦИЯ
УГАНДА
УЗБЕКИСТАН
УКРАИНА
УРУГВАЙ
ФИДЖИ
ФИЛИППИНЫ
ФИНЛЯНДИЯ
ФРАНЦИЯ
ХОРВАТИЯ
ЦЕНТРАЛЬНОАФРИКАНСКАЯ РЕСПУБЛИКА
ЧАД
ЧЕРНОГОРИЯ
ЧЕШСКАЯ РЕСПУБЛИКА
ЧИЛИ
ШВЕЙЦАРИЯ
ШВЕЦИЯ
ШРИ-ЛАНКА
ЭКВАДОР
ЭРИТРЕЯ
ЭСВАТИНИ
ЭСТОНИЯ
ЭФИОПИЯ
ЮЖНАЯ АФРИКА
ЯМАЙКА
ЯПОНИЯ

Устав Агентства был утвержден 23 октября 1956 года на Конференции по выработке Устава МАГАТЭ, которая состоялась в Центральных учреждениях Организации Объединенных Наций в Нью-Йорке. Устав вступил в силу 29 июля 1957 года. Центральные учреждения Агентства находятся в Вене. Главной целью Агентства является достижение «более скорого и широкого использования атомной энергии для поддержания мира, здоровья и благосостояния во всем мире».

СЕРИЯ НОРМ БЕЗОПАСНОСТИ МАГАТЭ, № SSG-62

# ПРОЕКТИРОВАНИЕ ВСПОМОГАТЕЛЬНЫХ СИСТЕМ И ОБСЛУЖИВАЮЩИХ СИСТЕМ АТОМНЫХ ЭЛЕКТРОСТАНЦИЙ

## СПЕЦИАЛЬНОЕ РУКОВОДСТВО ПО БЕЗОПАСНОСТИ

МЕЖДУНАРОДНОЕ АГЕНТСТВО ПО АТОМНОЙ ЭНЕРГИИ
ВЕНА, 2024

Издательская секция (Publishing Section)
Международное агентство по атомной энергии
Венский международный центр,
а/я 100,
A1400 Вена, Австрия
тел.: +43 1 2600 22529 или 22530
эл. почта: sales.publications@iaea.org
https://www.iaea.org/ru/publikacii





Отпечатано МАГАТЭ в Австрии
Декабрь 2024
STI/PUB/1885

ПРОЕКТИРОВАНИЕ ВСПОМОГАТЕЛЬНЫХ СИСТЕМ И ОБСЛУЖИВАЮЩИХ СИСТЕМ АТОМНЫХ ЭЛЕКТРОСТАНЦИЙ
МАГАТЭ, ВЕНА, 2024 ГОД
STI/PUB/1885
ISBN 978–92–0–448323-9 (печатный формат) ISBN 978–92–0–448123-5 (формат pdf) | ISBN 978–92–0–448223-2 (формат epub)
ISSN 1020–5845

# ПРЕДИСЛОВИЕ

Устав МАГАТЭ уполномочивает Агентство «устанавливать или применять … нормы безопасности для охраны здоровья и сведения к минимуму опасности для жизни и имущества» — нормы, которые МАГАТЭ должно использовать в своей собственной работе и которые государства могут применять посредством их включения в свои регулирующие положения в области ядерной и радиационной безопасности. МАГАТЭ осуществляет это в консультации с компетентными органами Организации Объединенных Наций и с заинтересованными специализированными учреждениями. Всеобъемлющий свод высококачественных и регулярно пересматриваемых норм безопасности наряду с помощью МАГАТЭ в их применении является ключевым элементом стабильного и устойчивого глобального режима безопасности.

МАГАТЭ начало осуществлять свою программу по нормам безопасности в 1958 году. Значение, уделяемое качеству, соответствию поставленной цели и постоянному совершенствованию, лежит в основе широкого применения норм МАГАТЭ во всем мире. Серия норм безопасности теперь включает единообразные Основополагающие принципы безопасности, которые выработаны на основе международного консенсуса в отношении того, что должно пониматься под высоким уровнем защиты и безопасности. При твердой поддержке со стороны Комиссии по нормам безопасности МАГАТЭ проводит работу с целью содействия глобальному признанию и использованию своих норм.

Однако нормы эффективны лишь тогда, когда они надлежащим образом применяются на практике. Услуги МАГАТЭ в области безопасности охватывают вопросы проектирования, выбора площадки и инженерно-технической безопасности, эксплуатационной безопасности, радиационной безопасности, безопасной перевозки радиоактивных материалов и безопасного обращения с радиоактивными отходами, а также вопросы государственной основы, регулирования и культуры безопасности в организациях. Эти услуги в области безопасности содействуют государствам-членам в применении норм и позволяют обмениваться ценным опытом и данными.

Ответственность за деятельность по регулированию безопасности возлагается на страны, и многие государства принимают решения применять нормы МАГАТЭ по безопасности в своих национальных регулирующих положениях. Для сторон различных международных конвенций по безопасности нормы МАГАТЭ являются согласованным и надежным средством обеспечения эффективного выполнения обязательств, вытекающих из этих конвенций. Эти нормы применяются также регулирующими органами и операторами во всем мире в целях повышения безопасности при производстве ядерной энергии и применении ядерных методов в медицине, промышленности, сельском хозяйстве и научных исследованиях.

Безопасность — это не самоцель, а необходимое условие защиты людей во всех государствах и охраны окружающей среды в настоящее время и в будущем. Риски, связанные с ионизирующими излучениями, должны оцениваться и контролироваться без неоправданного ограничения вклада ядерной энергии в справедливое и устойчивое развитие. Правительства, регулирующие органы и операторы во всем мире должны обеспечивать, чтобы ядерный материал и источники излучения использовались для всеобщего блага, в условиях безопасности и с учетом мнения общественности. Для содействия этому предназначены нормы МАГАТЭ по безопасности, которые я призываю применять все государства-члены.

# НОРМЫ БЕЗОПАСНОСТИ МАГАТЭ

## ОБЩИЕ СВЕДЕНИЯ

Радиоактивность — это естественное явление, и в окружающей среде присутствуют природные (естественные) источники излучения. Ионизирующие излучения и радиоактивные вещества с пользой применяются во многих сферах — от производства энергии до использования в медицине, промышленности и сельском хозяйстве. Радиационные риски, которым в результате этих применений могут подвергаться работники, население и окружающая среда, подлежат оценке и должны в случае необходимости контролироваться.

Поэтому такая деятельность, как медицинское использование излучения, эксплуатация ядерных установок, производство, перевозка и использование радиоактивных материалов и обращение с радиоактивными отходами, должна осуществляться в соответствии с нормами безопасности.

Ответственность за регулирование в области безопасности возлагается на государства. Однако радиационные риски могут выходить за пределы национальных границ, и в рамках международного сотрудничества принимаются меры по обеспечению и укреплению безопасности в глобальном масштабе посредством обмена опытом и расширения возможностей для контроля опасностей, предотвращения аварий, реагирования в случае аварийных ситуаций и смягчения любых вредных последствий.

Государства обязаны проявлять должную осмотрительность и соответствующую осторожность, и предполагается, что они будут выполнять свои национальные и международные обязательства.

Международные нормы безопасности содействуют выполнению государствами своих обязательств согласно общим принципам международного права, например, касающимся охраны окружающей среды. Кроме того, международные нормы безопасности укрепляют и обеспечивают уверенность в безопасности и способствуют международной торговле.

Глобальный режим ядерной безопасности постоянно совершенствуется. Нормы безопасности МАГАТЭ, которые поддерживают осуществление имеющих обязательную силу международных договорно-правовых документов и функционирование национальных инфраструктур безопасности, являются краеугольным камнем этого глобального режима. Нормы безопасности МАГАТЭ представляют собой полезный инструмент, с помощью которого договаривающиеся стороны оценивают свою деятельность по выполнению этих конвенций.

## НОРМЫ БЕЗОПАСНОСТИ МАГАТЭ

Статус норм безопасности МАГАТЭ вытекает из Устава МАГАТЭ, которым МАГАТЭ уполномочивается устанавливать и применять, в консультации и в надлежащих случаях в сотрудничестве с компетентными органами Организации Объединенных Наций и с заинтересованными специализированными учреждениями, нормы безопасности для охраны здоровья и сведения к минимуму опасности для жизни и имущества и обеспечивать применение этих норм.

В целях обеспечения защиты людей и охраны окружающей среды от вредного воздействия ионизирующего излучения нормы безопасности МАГАТЭ устанавливают основополагающие принципы безопасности, требования и меры для обеспечения контроля за радиационным облучением людей и выбросом радиоактивных веществ в окружающую среду, ограничения вероятности событий, которые могут привести к утрате контроля за активной зоной ядерного реактора, ядерной цепной реакцией, радиоактивным источником или любым другим источником излучения, и ослабления последствий таких событий в случае, если они будут иметь место. Нормы касаются установок и деятельности, связанных с радиационными рисками, включая ядерные установки, использование радиационных и радиоактивных источников, перевозку радиоактивного материала и обращение с радиоактивными отходами.

Меры по обеспечению безопасности и физической безопасности[1] преследуют общую цель защиты жизни и здоровья людей и охраны окружающей среды. Меры по обеспечению безопасности и физической безопасности должны разрабатываться и осуществляться комплексно таким образом, чтобы меры по обеспечению физической безопасности не осуществлялись в ущерб безопасности, и наоборот, чтобы меры по обеспечению безопасности не осуществлялись в ущерб физической безопасности.

Нормы безопасности МАГАТЭ отражают международный консенсус в отношении того, что является основой высокого уровня безопасности для защиты людей и охраны окружающей среды от вредного воздействия ионизирующего излучения. Они выпускаются в Серии норм безопасности МАГАТЭ, которая состоит из документов трех категорий (см. рис. 1).

### Основы безопасности

---

[1] См. также публикации в Серии изданий МАГАТЭ по физической ядерной безопасности.

*РИС. 1. Долгосрочная структура Серии норм безопасности МАГАТЭ.*

Основы безопасности содержат основополагающие цели и принципы защиты и безопасности и служат основой для требований безопасности.

**Требования безопасности**

Комплексный и согласованный свод требований безопасности устанавливает требования, которые должны выполняться с целью обеспечения защиты людей и охраны окружающей среды в настоящее время и в будущем. Эти требования устанавливаются в соответствии с целями и принципами, изложенными в Основах безопасности. Если требования не выполняются, то должны приниматься меры для достижения или восстановления требуемого уровня безопасности. Формат и стиль требований облегчают их гармоничное использование для создания национальной основы регулирования. Требования, включая пронумерованные всеобъемлющие требования, выражаются формулировками «должен, должна, должно, должны». Многие требования конкретно не адресуются, а это означает, что за их выполнение отвечают соответствующие стороны.

**Руководства по безопасности**

В руководствах по безопасности содержатся рекомендации и руководящие материалы, касающиеся выполнения требований безопасности, и в них выражается международный консенсус в отношении необходимости принятия рекомендуемых мер (или эквивалентных альтернативных мер). В руководствах по безопасности представлена международная надлежащая практика, и они во все большей степени отражают наилучшую практику, помогающую пользователям достичь высокого уровня безопасности. Рекомендации, содержащиеся в руководствах по безопасности, формулируются с применением глагола «следует».

## ПРИМЕНЕНИЕ НОРМ БЕЗОПАСНОСТИ МАГАТЭ

Основными пользователями норм безопасности в государствах — членах МАГАТЭ являются регулирующие и другие соответствующие государственные органы. Кроме того, нормы безопасности МАГАТЭ используются другими организациями-спонсорами и многочисленными организациями, которые занимаются проектированием, сооружением и эксплуатацией ядерных установок, а также организациями, участвующими в использовании радиационных и радиоактивных источников.

Нормы безопасности МАГАТЭ применяются в соответствующих случаях на протяжении всего жизненного цикла всех имеющихся и новых установок, используемых в мирных целях, и на протяжении всей нынешней и новой деятельности в мирных целях, а также в отношении защитных мер, применяемых с целью уменьшения существующих радиационных рисков. Они могут использоваться государствами в качестве основы для национальных регулирующих положений в отношении установок и деятельности.

Согласно Уставу МАГАТЭ нормы безопасности являются обязательными для МАГАТЭ применительно к его собственной деятельности, а также для государств применительно к работе, выполняемой с помощью МАГАТЭ.

Кроме того, нормы безопасности МАГАТЭ формируют основу для услуг МАГАТЭ по рассмотрению безопасности, и они используются МАГАТЭ для повышения компетентности, включая разработку учебных планов и проведение учебных курсов.

Международные конвенции содержат требования, которые аналогичны требованиям, изложенным в нормах безопасности МАГАТЭ, и являются обязательными для договаривающихся сторон. Нормы безопасности МАГАТЭ, подкрепляемые международными конвенциями, отраслевыми стандартами и подробными национальными требованиями, создают прочную основу для защиты людей и охраны окружающей среды. Существуют также некоторые особые вопросы безопасности, требующие оценки на национальном уровне. Например, многие нормы безопасности МАГАТЭ, особенно нормы, посвященные вопросам планирования или разработки мер по обеспечению безопасности, предназначаются, прежде всего, для применения к новым установкам и видам деятельности. На некоторых существующих установках, сооруженных в соответствии с нормами, принятыми ранее, не возможно выполнять в полном объеме требования, установленные в нормах безопасности МАГАТЭ. Вопрос о том, как нормы безопасности МАГАТЭ должны применяться на таких установках, решают сами государства.

Научные соображения, лежащие в основе норм безопасности МАГАТЭ, обеспечивают объективную основу для принятия решений по вопросам безопасности; однако органы, отвечающие за принятие решений, должны также выносить обоснованные суждения, а также должны определять, как обеспечить оптимальный баланс между пользой от принимаемых мер или осуществляемых мероприятий и связанными с ними радиационными рисками и любыми иными негативными последствиями применения этих мер или мероприятий.

## ПРОЦЕСС РАЗРАБОТКИ НОРМ БЕЗОПАСНОСТИ МАГАТЭ

Подготовкой и рассмотрением норм безопасности занимаются Секретариат МАГАТЭ и пять комитетов по нормам безопасности, охватывающих аварийную готовность и реагирование (Упрек), ядерную безопасность (НУССК), радиационную безопасность (РАССК), безопасность радиоактивных отходов (ВАССК) и безопасную перевозку радиоактивных материалов (ТРАНССК), а также Комиссия по нормам безопасности (КНБ), которая осуществляет надзор за программой по нормам безопасности МАГАТЭ (см. рис. 2).

Все государства — члены МАГАТЭ могут назначать экспертов в комитеты по нормам безопасности и представлять замечания по проектам норм. Члены Комиссии по нормам безопасности назначаются Генеральным директором, и в ее состав входят старшие правительственные должностные лица, несущие ответственность за установление национальных норм.

Для осуществления процессов планирования, разработки, рассмотрения, пересмотра и установления норм безопасности МАГАТЭ создана система управления. Особое место в ней занимают мандат МАГАТЭ, видение будущего применения норм, политики и стратегий безопасности и соответствующие функции и обязанности.

## ВЗАИМОДЕЙСТВИЕ С ДРУГИМИ МЕЖДУНАРОДНЫМИ ОРГАНИЗАЦИЯМИ

При разработке норм безопасности МАГАТЭ учитываются выводы Научного комитета ООН по действию атомной радиации (НКДАР ООН) и рекомендации международных экспертных органов, в частности, Международной комиссии по радиологической защите (МКРЗ). Некоторые нормы безопасности разрабатываются в сотрудничестве с другими органами системы Организации Объединенных Наций или другими специализированными учреждениями, включая Продовольственную и сельскохозяйственную организацию Объединенных Наций, Программу

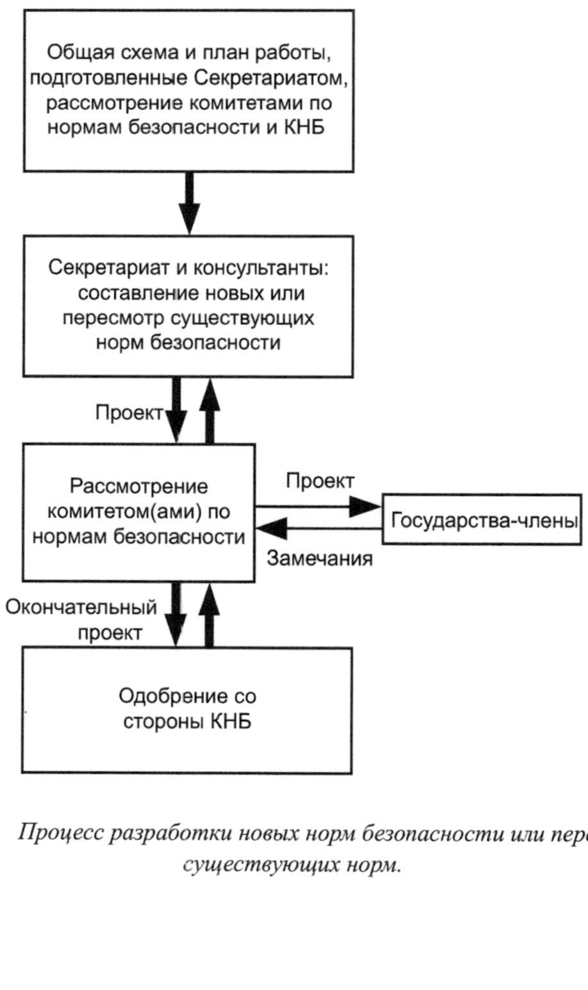


*РИС. 2. Процесс разработки новых норм безопасности или пересмотр существующих норм.*

Организации Объединенных Наций по окружающей среде, Международную организацию труда, Агентство по ядерной энергии ОЭСР, Панамериканскую организацию здравоохранения и Всемирную организацию здравоохранения.

## ТОЛКОВАНИЕ ТЕКСТА

Относящиеся к безопасности термины должны толковаться в соответствии с определениями, данными в Глоссарии МАГАТЭ по вопросам безопасности (см. http://www-ns.iaea.org/standards/safety-glossary.htm). Во всех остальных случаях в издании на английском языке слова используются с написанием и значением, приведенными в последнем издании Краткого оксфордского словаря английского языка. Для руководств по безопасности аутентичным текстом является английский вариант.

Общие сведения и соответствующий контекст норм в Серии норм безопасности МАГАТЭ, а также их цель, сфера применения и структура приводятся в разделе 1 «Введение» каждой публикации.

Материал, который нецелесообразно включать в основной текст (например, материал, являющийся вспомогательным или отдельным от основного текста, дополняет формулировки основного текста или описывает методы расчетов, процедуры или пределы и условия), может быть представлен в дополнениях или приложениях.

Дополнение, если оно включено, рассматривается в качестве неотъемлемой части норм безопасности. Материал в дополнении имеет тот же статус, что и основной текст, и МАГАТЭ берет на себя авторство в отношении такого материала. Приложения и сноски к основному тексту, если они включены, используются для предоставления практических примеров или дополнительной информации или пояснений. Приложения и сноски не являются неотъемлемой частью основного текста. Материал в приложениях, опубликованный МАГАТЭ, не обязательно выпускается в качестве его авторского материала; в приложениях к нормам безопасности может быть представлен материал, имеющий иное авторство. Посторонний материал, публикуемый в приложениях, приводится в виде выдержек и адаптируется по мере необходимости, с тем чтобы быть в целом полезным.

# СОДЕРЖАНИЕ

# 1. ВВЕДЕНИЕ

## ОБЩИЕ СВЕДЕНИЯ

1.1. Настоящее Руководство по безопасности содержит рекомендации по выполнению требований, установленных в публикации Серии норм безопасности МАГАТЭ, № SSR-2/1 (Rev. 1), «Безопасность атомных электростанций: проектирование» [1], применительно к проектированию вспомогательных систем и обслуживающих (обеспечивающих) систем атомных электростанций.

1.2. К вспомогательным и обслуживающим системам относятся системы, обеспечивающие электроснабжение, подачу технологического газа, воды, сжатого воздуха, кондиционирование воздуха, наличие средств связи (коммуникации), средств подъема и спуска деталей и узлов, горюче-смазочных материалов, т.е. все, что важно для эксплуатации и обеспечения безопасности атомных станций. Надежность этих систем следует обеспечивать в соответствии с их важностью для безопасности.

## ЦЕЛЬ

1.3. Целью настоящего Руководства по безопасности является опубликование для использования проектировщиками, эксплуатирующими организациями, регулирующими органами и организациями технической поддержки рекомендаций по проектированию вспомогательных систем и обслуживающих систем, обеспечивающему выполнение требований, изложенных в SSR-2/1 (Rev. 1) [1] применительно к этим системам.

## ОБЛАСТЬ ПРИМЕНЕНИЯ

1.4. Настоящее Руководство по безопасности содержит рекомендации по проектированию вспомогательных систем и обслуживающих систем атомных электростанций с реакторами с водой под давлением (PWR), кипящими реакторами (BWR) или реакторами с тяжелой водой под давлением (PHWR).

1.5. Перечень вспомогательных систем и обслуживающих систем, являющихся предметом настоящего Руководства по безопасности, приведен в пунктах 2.5 и 2.6. Область применения настоящего Руководства по безопасности не распространяется на детальное проектирование отдельных конкретных элементов этих систем, например, теплообменников.

1.6. Рекомендации, изложенные в настоящем Руководстве по безопасности, ориентированы прежде всего на новые атомные электростанции. Предполагается, что в случае атомных электростанций, спроектированных по ранее принятым стандартам, при оценке безопасности таких проектов проводиться сравнение с существующими стандартами (например, в рамках периодической экспертизы безопасности станции), с целью установления возможности дальнейшего повышения безопасности эксплуатации на основе внедрения практически возможных усовершенствований систем безопасности (см. пункт 1.3 в SSR-2/1 (Rev. 1) [2]).

1.7. Термины, используемые в настоящем Руководстве по безопасности, следует интерпретировать в соответствии с определениями и пояснениями, приведенными в Глоссарии МАГАТЭ по вопросам безопасности [2].

## СТРУКТУРА

1.8. В разделе 2 приведено определение вспомогательных систем и обслуживающих систем, описываются их функции и содержание. В разделе 3 описаны общие концепции проектирования и рекомендации по проектированию, характерные для вспомогательных систем и обслуживающих систем, являющихся предметом настоящего Руководства по безопасности. В разделе 4 приведены рекомендации по конкретным вопросам проектирования отельных вспомогательных систем и обслуживающих систем.

# 2. ОБЩИЕ ВОПРОСЫ

## ОПРЕДЕЛЕНИЯ И ФУНКЦИИ ВСПОМОГАТЕЛЬНЫХ СИСТЕМ И ОБСЛУЖИВАЮЩИХ СИСТЕМ

2.1. Атомная электростанция имеет следующие главные (или первичные) системы: активную зону реактора, системы теплоносителя реактора и конструкцию защитной оболочки (контейнмента) и систему защитной оболочки, а также связанные с ними системы безопасности и средства обеспечения безопасности (см. требования 43–58 в SSR-2/1 (Rev. 1) [1]). Остальные системы считаются вспомогательными системами (см. требования 59–82 в SSR-2/1 (Rev. 1) [1]) в отношении главных систем и связанных с ними устройств.

2.2. Последовательный подход к определению вспомогательных систем представлен на рис. 1. Вспомогательная система — это система, которая сама по себе не выполняет первичной функции по обеспечению функционирования атомной электростанции, но должна быть доступна для выполнения предписываемых функций другими системами, в том числе и главными системами.

2.3. Также вспомогательная система может быть системой, обеспечивающей выполнение функции обслуживания применительно к функционированию атомной электростанции (например, это могут быть системы связи/коммуникации, система сжатого воздуха). Вспомогательные системы могут быть «основными обеспечивающими системами», т.е. системами, обеспечивающими ресурсы, необходимые для функционирования системы безопасности. Они также могут обеспечивать соответствующее снабжение для систем, важных для безопасности. Такое снабжение может включать подачу электроэнергии, воды, сжатого воздуха, кондиционированного воздуха или горюче-смазочных материалов.

2.4. В настоящем Руководстве по безопасности термин «обслуживающие системы» используется для описания вспомогательных систем, используемых для обслуживания функции безопасности.

## СОСТАВ ВСПОМОГАТЕЛЬНЫХ СИСТЕМ И ОБСЛУЖИВАЮЩИХ СИСТЕМ

2.5. В состав вспомогательных систем и обслуживающих систем, являющихся предметом настоящего Руководства по безопасности, согласно определению, данному в пункте 2.2, не входят системы, которые являются (или в отношении которых подразумевается, что они являются) предметом других руководств по безопасности, указанных ниже:

a) системы теплопереноса, удаляющие остаточное тепло (требование 70 в SSR-2/1 (Rev. 1) [1]), которые подробно рассматриваются в публикации Серии норм безопасности МАГАТЭ, № SSG-56, «Проектирование

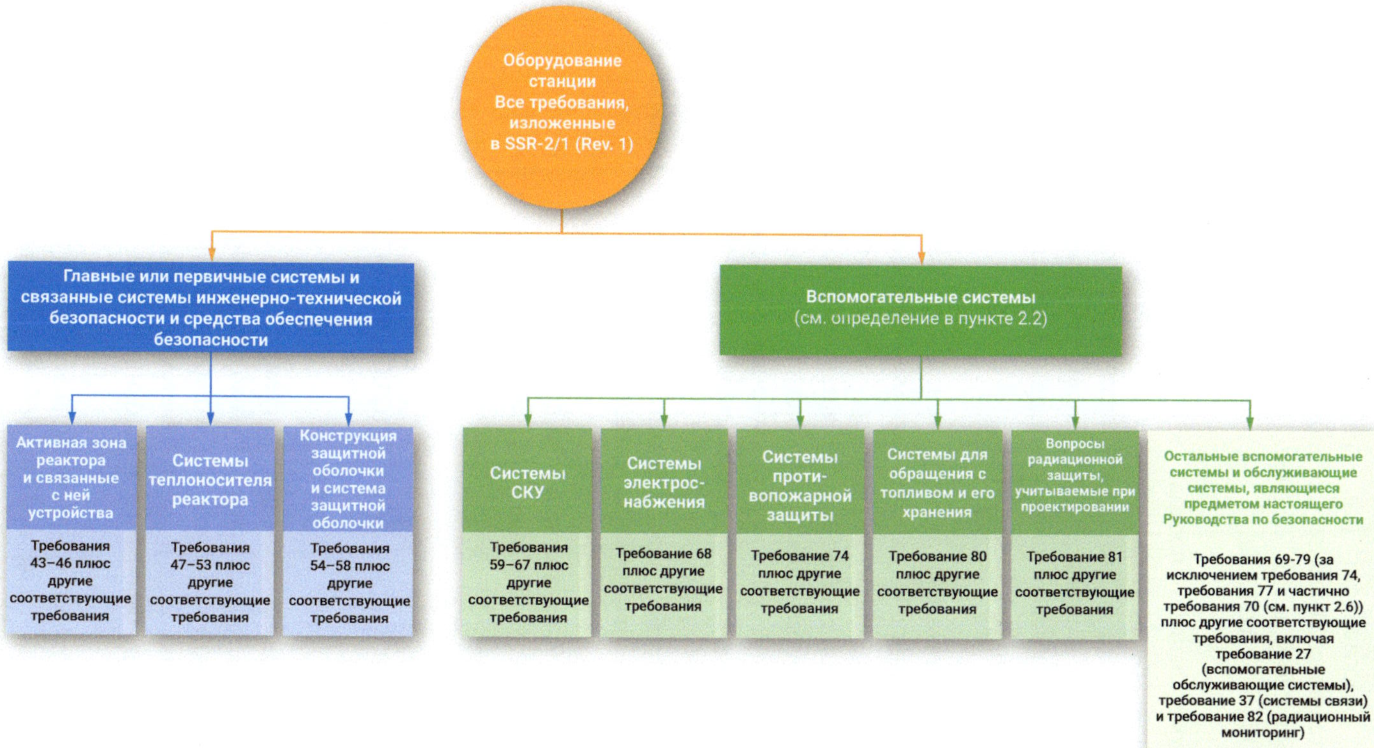


*РИС. 1. Вспомогательные системы и обслуживающие системы, являющиеся предметом настоящего Руководства по безопасности.*

системы теплоносителя реактора и связанных с ней систем атомных электростанций» [3];

b) системы противопожарной защиты (требование 74 в SSR-2/1 (Rev. 1) [1]), являющиеся предметом публикации Серии норм безопасности МАГАТЭ, NS-G-1.7, «Защита от внутренних пожаров и взрывов при проектировании атомных электростанций» [4];
c) система подачи пара и система подачи питательной воды (требование 77 в SSR-2/1 (Rev. 1) [1]), являющиеся предметом SSG-56 [3];
d) системы радиационной защиты (требование 81 в SSR-2/1 (Rev. 1) [1]), являющиеся предметом публикации Серии норм безопасности МАГАТЭ, № NS-G-1.13, «Аспекты радиационной защиты при проектировании атомных электростанций» [5].

2.6. С учетом пунктов 2.2 и 2.5 и в соответствии с требованиями, изложенными в SSR-2/1 (Rev. 1) [1], предметом настоящего Руководства по безопасности являются следующие вспомогательные системы и обслуживающие системы:

a) системы связи (коммуникации) (требование 37 в SSR-2/1 (Rev. 1) [1]);
b) системы теплопереноса (требование 70 в SSR-2/1 (Rev. 1) [1]), не являющиеся предметом SSG-56 [3];
c) система отбора технологических и послеаварийных проб (требование 71 в SSR-2/1 (Rev. 1) [1]);
d) система радиационного мониторинга технологических процессов (требование 82 в SSR-2/1 (Rev. 1) [1]);
e) системы сжатого воздуха (требование 72 в SSR-2/1 (Rev. 1) [1]);
f) системы кондиционирования воздуха и вентиляции (требование 73 в SSR-2/1 (Rev. 1) [1]);
g) системы основного освещения и аварийного освещения) (требование 75 в SSR-2/1 (Rev. 1) [1]);
h) грузоподъемное оборудование подвесного типа (требование 76 в SSR-2/1 (Rev. 1) [1]);
i) системы обработки и контроля радиоактивных отходов и системы обращения с радиоактивными стоками и контроля за ними (требования 78 и 79 в SSR-2/1 (Rev. 1) [1]);
j) обслуживающие системы для аварийного электроснабжения и запасного источника энергоснабжения (требование 68 в SSR-2/1 (Rev. 1) [1]);
k) другие системы, которые прямо не указаны в SSR-2/1 (Rev. 1) [1], но которые (в зависимости от проекта атомной электростанции)

обычно относятся к вспомогательным системам или обслуживающим системам, такие как:

i) система отвода дренажных вод оборудования и трапных вод;
ii) запас деминерализованной воды и связанная с ним система.

ФУНКЦИИ БЕЗОПАСНОСТИ

2.7. Вспомогательные системы и обслуживающие системы могут прямо или косвенно содействовать выполнению функций безопасности, например, действовать в качестве основных обеспечивающих систем (таких как источники электроэнергии, пневмоэнергии или гидравлической энергии или системы смазки) или обеспечивать выполнение обслуживающей функции для систем безопасности или средств обеспечения безопасности в случае возникновения запроектных условий. Функции безопасности, связанные с конкретными вспомогательными системами и обслуживающими системами, описаны в разделе 4.

# 3. ОБЩИЕ ВОПРОСЫ, УЧИТЫВАЕМЫЕ ПРИ ПРОЕКТИРОВАНИИ

3.1. В данном разделе приведены рекомендации по проектированию, которые являются общими для вспомогательных систем и обслуживающих систем, являющихся предметом настоящего Руководства по безопасности, и применяются в соответствующих случаях ко всем водоохлаждаемым реакторам. Рекомендации, приведенные в данном разделе, имеют целью выполнение требований, установленных в SSR-2/1 (Rev. 1) [1] для вспомогательных систем и обслуживающих систем, в частности, требования 69 к характеристикам вспомогательных систем и обслуживающих систем, которое гласит:

> **«Обслуживающие системы и вспомогательные системы должны проектироваться с таким расчетом, чтобы характеристики этих систем соответствовали значимости обслуживаемых ими систем или элементов с точки зрения безопасности на АЭС».**

## ЦЕЛИ ПРОЕКТИРОВАНИЯ

3.2. Проектирование вспомогательных и обслуживающих систем следует выполнять так, чтобы они содействовали выполнению фундаментальных функций безопасности, описанных в требовании 4, изложенном в SSR-2/1 (Rev. 1) [1]. Специальные меры, необходимые для обеспечения этого, зависят от системы, типа реактора, условий эксплуатации и условий на площадке станции.

3.3. При проектирование вспомогательных систем и обслуживающих систем следует обеспечивать, чтобы: (a) вопросы безопасности и защиты решались комплексно и (b) меры по обеспечению безопасности не ставили под угрозу физическую ядерную безопасность, а меры по обеспечению физической ядерной безопасности не осуществлялись в ущерб безопасности. Меры по обеспечению физической ядерной безопасности следует предусматривать так, чтобы они соответствовали целям и основным элементам, изложенным в публикации Серии изданий МАГАТЭ по физической ядерной безопасности, № 20, [6], а также рекомендациям, изложенным в публикации Серии изданий МАГАТЭ по физической ядерной безопасности, № 13, [7].

3.4. Вспомогательным системам и обслуживающим системам или элементам таких систем следует присваивать класс безопасности с учетом:

a) класса безопасности систем или элементов, для которых они являются обслуживающими;
b) функции безопасности, выполняемой системами или элементами, для которых они являются обслуживающими и для которых необходимо функционирование вспомогательных и обслуживающих систем или элементов;
c) последствий отказа вспомогательных и обслуживающих систем.

3.5. Следует предусматривать, чтобы каждая система, выполняющая функцию основной обеспечивающей системы, характеризовалась производительностью, временем автономной работы[1], эксплуатационной готовностью, стойкостью и надежностью, которые соответствуют связанным с ней функциям безопасности и максимальным потребностям систем, для которых они являются обслуживающими, с должным запасом.

---

[1] Под «временем автономной работы» понимается период времени, в течение которого система способна продолжать работать автономно (например, пока другие системы являются функционально не доступными).

3.6. В случае атомных электростанций, у которых выполнение функций безопасности зависит от действия сил плавучести или гравитации или от накопленных источников энергии и которые содержат меньшее количество активных элементов, необходимость во вспомогательных системах и обслуживающих системах, классифицированных по безопасности и являющихся обслуживающими применительно к выполнению функций безопасности, может быть значительно меньше.

3.7. Выполнение функции безопасности зависит не только от надежности главных систем, обеспечивающих ее выполнение, но и от надежности вспомогательных систем и обслуживающих систем, которые необходимы для обслуживания главных систем в процессе выполнении этой функции. Поэтому следует обеспечивать, чтобы требования к надежности и конструктивному исполнению вспомогательных систем и обслуживающих систем соответствовали надежности систем, для которых они являются обслуживающими. Следовательно, проектирование вспомогательных систем и обслуживающих систем следует оценивать с той же степенью детализации, что и проектирование главных систем, для которых они являются обслуживающими. Кроме того, требования, изложенные в SSR-2/1 (Rev. 1) [1] в отношении проектных основ конструкций, систем и элементов, применяются в соответствующих случаях к проектированию конструкций, систем и элементов вспомогательных систем и обслуживающих систем.

## ПРОЕКТНЫЕ ОСНОВЫ

### Общие сведения

3.8. В проектные основы для классифицированных по безопасности конструкций, систем и элементов вспомогательных систем и обслуживающих систем следует включать условия, связанные с нормальной эксплуатацией, ожидаемыми при эксплуатации событиями и аварийными условиями (проектными авариями и запроектными условиями), для которых необходимо функционирование вспомогательных систем и обслуживающих систем.

3.9. Проектные условия и проектные нагрузки следует рассчитывать надлежащим образом с учетом граничных случаев, определяемых для соответствующих состояний станции или опасностей.

3.10. Следует обеспечивать, чтобы ожидаемые эксплуатационные характеристики конструкций, систем и элементов вспомогательных систем и обслуживающих систем определялись исходя из потребностей, обусловленных функциями безопасности, выполнение которые должны обеспечивать обслуживающие их системы.

3.11. Для каждой конструкции, системы и элемента следует определять проектные основы, учитывающие (см. пункты 3.12–3.79):

a) функции безопасности, которые выполняет данная конструкция, система или элемент;
b) постулируемые исходные события, воздействие которых должны выдерживать структура, система или элемент;
c) нагрузки и сочетания нагрузок, воздействие которых должны выдерживать конструкция, система или элемент;
d) защиту от воздействия внутренних опасностей;
e) защиту от воздействия внешних опасностей;
f) проектные пределы и критерии приемлемости (применительно к конструкции, системе или элементу);
g) надежность;
h) обеспечение защиты от отказов по общей причине в системе и между системами, относящимися к разным уровням глубокоэшелонированной защиты;
i) классификацию по безопасности;
j) окружающие условия, учитываемые в программе аттестационной квалификации конструкции, системы и элемента;
k) применяемые при проектировании своды положений и нормы;
l) вопросы компоновки;
m) вопросы взаимосвязей;
n) вопросы, касающиеся многоблочных атомных электростанций, в соответствующих случаях;
o) использование вероятностной оценки при проектировании.

**Функции безопасности**

3.12. Функции безопасности, выполняемые вспомогательной системой или обслуживающей системой, и вклад каждого элемента, важного для безопасности, следует детализировать с уровнем, достаточным для проведения правильной классификации по безопасности.

**Постулируемые исходные события**

3.13. Проектирование станции следует осуществлять так, чтобы отказ вспомогательных систем и обслуживающих систем не приводил к постулируемому исходному событию. Если такое событие является прогнозируемым, то в проекте следует предусматривать соответствующие решения, обеспечивающие смягчение последствий этого события с учетом воздействия отказа вспомогательной системы или обслуживающей системы на другие системы станции.

**Внутренние опасности**

3.14. В пунктах 3.15–3.17 приведены рекомендации по выполнению требования 17, изложенного в SSR-2/1 (Rev. 1) [1], в частности пункта 5.16 в отношении внутренних опасностей.

3.15. К внутренним опасностям, которые следует учитывать, относятся опасности внутреннего происхождения, которые могут поставить под угрозу функционирование конструкции, системы или элемента вспомогательной системы или обслуживающей системы. Ниже в качестве справочной информации приводится перечень типичных внутренних опасностей, которые, как правило, учитываются; в случае необходимости, однако, этот перечень следует расширить, включив в него конкретные учитываемые при проектировании опасности, характерные для конструкций, систем и элементов вспомогательной системы или обслуживающей системы:

a) разрывы в высокоэнергетических системах;
b) падение тяжелых грузов;
c) внутренние летящие предметы;
d) пожары и взрывы;
e) затопление;
f) электромагнитные помехи.

3.16. Следует предусматривать компоновочные и проектные решения для защиты конструкций, систем и элементов вспомогательных систем и обслуживающих систем от воздействия внутренних опасностей, учитываемых в соответствии с пунктом 3.7. Например, в соответствующих случаях следует обеспечивать, чтобы:

a) конструкции, системы и элементы вспомогательных систем и обслуживающих систем были защищены от воздействия высокоэнергетических опасностей (внутренние взрывы, внутренние летящие предметы, биения труб, удары реактивных струй, падение тяжелых грузов), либо были спроектированы так, чтобы они были способны выдерживать нагрузки, связанные с такими опасностями;

b) резервные системы были разделены в максимально возможной степени, либо надлежащим образом отделены и защищены по мере необходимости в целях предотвращения потери функции безопасности, выполняемой этими системами;

c) меры по разделению, отделению и защите также были достаточными для обеспечения того, чтобы реакция системы, смоделированная при проведении анализа постулируемых исходных событий, не нарушалась в результате воздействия данной опасности;

d) единичная опасность не могла привести к отказу по общей причине систем, используемых для обслуживания систем безопасности, предназначенных, согласно проектному решению, для противодействия проектным авариям, и средств обеспечения безопасности, предусматриваемых на случай запроектных условий, в особенности аварий с расплавлением активной зоны.

3.17. Более детальные рекомендации приведены в NS-G-1.7 [4] и публикации Серии норм безопасности МАГАТЭ, № NS-G-1.11, «Protection against Internal Hazards other than Fires and Explosions in the Design of Nuclear Power Plants» («Защита от внутренних опасностей, помимо пожаров и взрывов, при проектировании атомных электростанций» [8].

### Внешние опасности

3.18. В пунктах 3.19–3.28 приведены рекомендации по выполнению требования 17, изложенного в SSR-2/1 (Rev. 1) [1] в отношении внешних опасностей.

3.19. Вспомогательные системы и обслуживающие системы, требующиеся для обеспечения работы систем, необходимых для смягчения последствий аварий, следует проектировать так, чтобы они были способны выдерживать воздействие проектных внешних опасностей или были защищены от этого воздействия, а также от действия механизмов отказа по общей причине, которые могут быть инициированы этими опасностями. Следует обеспечивать, чтобы проектное исполнение этих вспомогательных систем и обслуживающих систем согласовывалось с проектным исполнением таких предназначенных для смягчения последствий систем и учитывало функции вспомогательных систем и обслуживающих систем.

3.20. Все конструкции, системы или элементы, отказ которых может нарушить функционирование вспомогательных систем и обслуживающих систем, указанных в пункте 3.19, следует проектировать так, чтобы они были способны выдерживать воздействие тех же самых проектных внешних опасностей или были защищены от воздействия этих проектных внешних опасностей, а также от действия механизмов отказа по общей причине, которые могут быть инициированы этими опасностями.

3.21. Все конструкции, системы или элементы вспомогательной системы или обслуживающей системы, отказ которых может привести к аварийным условиям, следует проектировать так, чтобы они были способны выдерживать воздействие проектных внешних опасностей или были защищены от этого воздействия, а также от действия механизмов отказа по общей причине, которые могут быть инициированы этими опасностями.

3.22. Для каждой внешней опасности в проектных основах элементов следует определять и указывать элементы вспомогательных систем и обслуживающих систем, работоспособность или целостность которых должны обеспечиваться во время или после возникновения опасности.

3.23. В применяемых методах проектирования и строительных нормах и правилах следует предусматривать надлежащие запасы безопасности с целью недопущения пороговых эффектов в случае даже незначительного увеличения тяжести внешних опасностей.

3.24. Следует обеспечивать, чтобы в случае внешних опасностей краткосрочные действия, которые должны выполняться вспомогательными системами и обслуживающими системами и которые необходимы для соблюдения предельных параметров и инженерно-технических критериев, установленных для обслуживаемой системы в условиях аварии, выполнялись с помощью находящихся на площадке систем, готовых к работе в течение периода времени, соизмеримого с продолжительностью краткосрочных действий, которые должны быть выполнены (см. пункт 5.17 в SSR-2/1 (Rev. 1) [1]).

3.25. Следует обеспечивать, чтобы время автономной работы систем, являющихся обслуживающими системами для функций безопасности, превышало время, необходимое для задействования внеплощадочных служб. При определении этого времени могут учитываться меры, принимаемые на станции и на площадке, при условии, что учитывается потенциальная возможность того, что конкретные опасности могут привести к одновременному воздействию на несколько или даже на все энергоблоки на площадке (см. пункт 5.15B в SSR-2/1 (Rev. 1) [1]). Что касается внешних обеспечивающих служб, то при необходимости следует учитывать неблагоприятные условия и ущерб, наносимый внешними опасностями.

3.26. Для соблюдения пункта 5.21A, изложенного в SSR-2/1 (Rev. 1) [1], требуется, чтобы конструкции, системы и элементы, необходимые для предотвращения радиоактивного выброса на ранней стадии или крупного радиоактивного выброса, сохраняли свою работоспособность в случае возникновения внешних природных опасностей с уровнями, превышающими предусмотренные в проекте уровни, с учетом оценки опасностей на площадке. Это относится к вспомогательным системам и обслуживающим системам, работоспособность которых необходимо обеспечивать для этой цели.

3.27. На случай внешнего затопления все конструкции, в которых размещены системы, указанные в пункте 3.26, следует располагать на высоте, превышающей высоту проектного затопления, либо в проекте следует предусматривать соответствующие проектные решения (например, водонепроницаемые двери) для защиты этих систем и обеспечения выполнения предписываемых им функций безопасности.

3.28. Более детальные рекомендации приведены в публикациях Серии норм безопасности МАГАТЭ, № NS-G-1.5, «Учет внешних событий, исключая землетрясения, при проектировании атомных электростанций» [9] и Серии норм безопасности МАГАТЭ, № NS-G-1.6, «Проектирование и аттестация сейсмостойких конструкций для атомных электростанций» [10].

### Аварийные условия

3.29. Аварийные условия, учитываемые при проектировании вспомогательной системы или обслуживающей системы, — это условия, потенциально способные поставить под угрозу функции безопасности, выполнению которых призвана содействовать вспомогательная система или обслуживающая система.

3.30. Отказ некоторых вспомогательных систем и обслуживающих систем может, в зависимости от конструкции, приводить к ухудшению аварийных условий, включая развитие тяжелой аварии. Поэтому особое внимание следует уделять обеспечению высокой надежности таких систем, в частности, в случае аварийных последовательностей, связанных с потерей внешнего (внеплощадочного) электроснабжения, и аварийных последовательностей, связанных с потерей функции охлаждения или потерей конечного поглотителя тепла.

3.31. При рассмотрении множественных отказов, приводящих к запроектным условиям, следует учитывать отказ вспомогательных систем и обслуживающих систем, используемых для обслуживания систем безопасности или для обслуживания средств обеспечения безопасности при возникновении запроектных условий без значительной деградации топлива.

3.32. Аварийные условия следует использовать в качестве исходных данных для определения функциональных возможностей, нагрузок и параметров окружающей среды при проектировании участков вспомогательных систем и обслуживающих систем, необходимых в таких условиях.

3.33. Более детальные рекомендации по выполнению требований 18–20, изложенных в SSR-2/1 (Rev. 1) [1], приведены в публикации Серии норм безопасности МАГАТЭ, № SSG-2, «Детерминистический анализ безопасности атомных электростанций» [11].

**Надежность**

3.34. В пунктах 3.35–3.47 приведены рекомендации по выполнению требований 17, 21–26, 29, 30 и 68, изложенных в SSR-2/1 (Rev. 1) [1].

3.35. В целях достижения необходимой надежности вспомогательных систем и обслуживающих систем, используемых для обслуживания функций безопасности, следует учитывать:

a) классификацию по безопасности и соответствующие инженерно-технические требования, применяемые при проектировании и изготовлении;
b) критерии проектирования, относящиеся к системам (например, количество резервных каналов, квалификация на сейсмостойкость, аттестационная квалификация по условиям окружающей среды, источники энергоснабжения);
c) предотвращение отказов по общей причине путем реализации соответствующих мер, таких как физическое разделение и функциональная независимость;
d) компоновочные решения, обеспечивающие защиту систем от воздействия внутренних и внешних опасностей;

e) периодическое проведение испытаний (тестирования) и инспекционного контроля;
f) проведение технического обслуживания;
g) использование оборудования, рассчитанного на отказоустойчивое функционирование.

*Системы, предназначенные для противодействия проектным авариям*

3.36. При проектировании следует обеспечивать, чтобы функции безопасности, отнесенные к категории безопасности 1 или 2 (согласно определению, приведенному в публикации Серии норм безопасности МАГАТЭ, № SSG-30, «Классификация конструкций, систем и элементов атомных электростанций по безопасности» [12]), для реализации которых необходим функционирующий участок вспомогательной системы или обслуживающей системы в случае проектных аварий, могли выполняться несмотря на последующие отказы, вызванные постулируемым исходным событием, и любой единичный отказ, постулируемый для любой системы безопасности или группы безопасности, которые необходимы для выполнения этих функций безопасности. Следует также учитывать функциональную недоступность систем в связи с проведением работ по техническому обслуживанию, испытаний (тестирования) или ремонта.

3.37. Аварийное электроснабжение на площадке следует проектировать так, чтобы оно было способно обеспечивать питание электрооборудования, необходимого для выполнения функций безопасности в случае проектных аварий. Следует обеспечивать, чтобы электропитание вспомогательных систем и обслуживающих систем, а также связанного с ними оборудования, которые должны функционировать при возникновении аварийных условий, осуществлялось от аварийного электроснабжения или запасного источника энергоснабжения.

3.38. В соответствующих случаях следует выявлять уязвимости к отказам по общей причине между резервными участками вспомогательных систем и обслуживающих систем, используемых для обслуживания систем безопасности, а также следует, насколько практически возможно, обеспечивать, чтобы за счет проектных или связанных с компоновкой решений резервируемые участки были независимыми.

3.39. Рекомендации, относящиеся к надежности систем при воздействии внутренних опасностей, внешних опасностей и условий окружающей среды, изложены соответственно в пунктах 3.15–3.17, 3.19–3.28 и 3.58–3.65.

### *Средства обеспечения безопасности в случае запроектных условий без значительной деградации топлива*

3.40. Следует проводить анализ надежности вспомогательных систем и обслуживающих систем, используемых для обслуживания систем безопасности, предназначенных для выполнения заданных функций безопасности, с целью определения необходимости применения дополнительных средств обеспечения безопасности для выполнения этих функций безопасности.

3.41. Следует анализировать наиболее вероятные сочетания постулируемых исходных событий и отказов по общей причине резервируемых систем безопасности. Если последствия превышают пределы, установленные для проектных аварий, то следует устранять соответствующие уязвимости или следует реализовывать дополнительные проектные решения для противодействия таким ситуациям. Дополнительные средства обеспечения безопасности, используемые для реализации функций безопасности, с учетом данной технологии и конструкции реактора, следует проектировать и монтировать так, чтобы обеспечивалась защита от отказов по общей причине.

3.42. Рекомендации, приведенные в пунктах 3.36–3.39, следует также применять в отношении запроектных условий без значительной деградации топлива, учитывая при этом, что соблюдение критерия единичного отказа не является обязательным и что отказ соответствующих дополнительных средств обеспечения безопасности вряд ли может произойти в результате тех же самых отказов по общей причине, которые приводят к отказу систем, предназначенных для функционирования в случае проектных аварий.

3.43. Электропитание любых дополнительных средств обеспечения безопасности, предназначенных для использования в запроектных условиях, следует обеспечивать посредством задействования запасного источника энергоснабжения.

### *Средства обеспечения безопасности, предусматриваемые для смягчения последствий запроектных условий с расплавлением активной зоны*

3.44. Следует обеспечивать возможность запитывания вспомогательных систем и обслуживающих систем, которые требуются для смягчения последствий аварии с расплавлением активной зоны, от любого имеющегося источника энергопитания: см. пункт 6.44B в SSR-2/1 (Rev. 1) [1].

3.45. Насколько практически возможно, при проектировании следует обеспечивать независимость между системами безопасности и конкретными средствами обеспечения безопасности, необходимыми для смягчения последствий аварии с расплавлением активной зоны. В частности, следует предусматривать, чтобы вспомогательная система или обслуживающая система не использовалась для обслуживания одновременно системы безопасности и средства обеспечения безопасности при возникновении запроектных условий с расплавлением активной зоны.

3.46. Рекомендации, приведенные в пунктах 3.36–3.39, следует также применять в отношении запроектных условий с расплавлением активной зоны, учитывая при этом, что соблюдение критерия единичного отказа не является обязательным и что отказ соответствующих дополнительных средств обеспечения безопасности вряд ли может произойти в результате тех же самых отказов по общей причине, которые приводят к отказу систем, предназначенных для функционирования в случае проектных аварий.

3.47. Рекомендации по надежности вспомогательных систем и обслуживающих систем при воздействии внутренних опасностей, внешних опасностей и окружающих условий, изложены соответственно в пунктах 3.15–3.17, 3.19–3.28 и 3.58–3.65.

**Глубокоэшелонированная защита**

3.48. В пунктах 3.49 и 3.50 приведены рекомендации по выполнению требования 7, изложенного в SSR-2/1 (Rev. 1) [1].

3.49. Для выполнения заданного набора функций безопасности вспомогательные системы и обслуживающие системы могут быть задействованы в различных состояниях станции в соответствии с концепцией глубокоэшелонированной защиты.

3.50. Приведенные ниже рекомендации содействуют достижению независимости между уровнями глубокоэшелонированной защиты:

a) для функции безопасности следует определять последовательные узлы, относящиеся к разным уровням защиты и необходимые для выполнения этой функции безопасности;
b) следует определять уязвимость к отказам по общей причине применительно к узлам, указанным в подпункте (а) выше, а также оценивать соответствующие последствия; в случаях, когда нарушение

функции безопасности может привести к неприемлемым последствиям, следует в максимально возможной степени устранять уязвимость к отказам по общей причине. В частности, следует обеспечивать, чтобы средства обеспечения безопасности, предназначенные для смягчения последствий аварий с расплавлением активной зоны, были, насколько практически возможно, независимыми от оборудования, предназначенного для смягчения последствий проектных аварий;

c) следует предусматривать, чтобы обеспечиваемая между системами независимость не могла быть нарушена в результате уязвимостей к отказу по общей причине в системах контроля и управления (СКУ), которые необходимы для приведения в действие или мониторинга этих систем.

**Классификация по безопасности**

3.51. В пунктах 3.52–3.56 приведены рекомендации по выполнению требования 22, изложенного в SSR-2/1 (Rev. 1) [1]. Следует также учитывать рекомендации, приведенные в SSG-30 [12].

3.52. Следует обеспечивать, чтобы класс безопасности любого участка вспомогательной системы или обслуживающей системы, используемого для обслуживания системы, предназначенной для выполнения функции безопасности, соответствовал категории данной функции безопасности. Если участок обслуживающей системы используется для обслуживания систем безопасности или средств обеспечения безопасности, которые отнесены к разным классам безопасности, то этот участок должен иметь класс безопасности, соответствующий классу системы или элемента, имеющих наивысший класс безопасности.

3.53. Последствия отказа конструкции, системы или элемента следует учитывать как с точки зрения выполнения функции безопасности, так и применительно к радиоактивному выбросу. В случае узлов, для которых значимыми являются оба эти фактора, класс безопасности и связанные с ним требования к качеству, необходимые для достижения ожидаемой надежности, следует определять с должным учетом этих двух факторов. Применительно к узлам, не содержащим радиоактивный материал, класс безопасности и требования к качеству следует определять напрямую, исходя из последствий невыполнения функции безопасности.

3.54. Инженерно-технические требования, применимые к системе в целом или к совокупности систем, необходимых для выполнения функции безопасности (например, требования в отношении независимости или аварийного электроснабжения), следует устанавливать исходя из класса безопасности, к которому была отнесена система.

3.55. Классификацию по безопасности следует устанавливать последовательным образом так, чтобы все системы (включая обслуживающие системы), необходимые для выполнения данной функции безопасности, были отнесены к одному и тому же классу безопасности.

3.56. При применении классификации по безопасности, изложенной в SSG-30 [12]:

a) системы, необходимые для выполнения или обслуживания функции безопасности в случае проектной аварии, следует относить к классу безопасности 1 или классу безопасности 2;
b) системы, предназначенные для противодействия потере работоспособности систем безопасности в случае возникновения запроектных условий без значительной деградации топлива, следует относить к классу безопасности 2 или классу безопасности 3;
c) системы, необходимые для выполнения или обслуживания функции безопасности в случае запроектных условий с расплавлением активной зоны, следует относить как минимум к классу безопасности 3.

## Квалификации по условиям окружающей среды

3.57. В пунктах 3.58–3.65 приведены рекомендации по выполнению требования 30, изложенного в SSR-2/1 (Rev. 1) [1]. Следует также учитывать рекомендации, изложенные в публикации Серии норм безопасности МАГАТЭ, № SSG-48, «Ageing Management and Development of a Programme for Long Term Operation of Nuclear Power Plants» («Управление старением и разработка программы долгосрочной эксплуатации атомных электростанций») [13].

3.58. Следует обеспечивать, чтобы конструкции, системы и элементы, входящие в состав вспомогательных систем и обслуживающих систем, используемых для обслуживания функции безопасности, были квалифицированы для выполнения соответствующих функций во всем диапазоне окружающих условий, которые могут иметь место до или во время их эксплуатации, или были иным образом в надлежащей мере защищены от воздействия этих условий окружающей среды (см. требование 30 в SSR-2/1 (Rev. 1) [1]).

3.59. При квалификации по условиям окружающей следует учитывать соответствующие условия окружающей среды и сейсмические условия, которые могут возникать до, во время и после аварии, а также старение конструкций, систем и элементов на протяжении жизненного цикла станции (см. требование 30 в SSR-2/1 (Rev. 1) [1]). Дополнительные рекомендации изложены в NS-G-1.6 [10] и SSG-48 [13].

3.60. Аттестационную квалификацию по условиям окружающей среды следует выполнять путем проведения испытаний или тестирования, анализа и использования эксплуатационного опыта, или, в случае необходимости, путем сочетания этих методов.

3.61. В процессе аттестационной квалификации по условиям окружающей среды следует рассматривать такие факторы, как температура, давление, влажность и уровни излучения в соответствующих случаях, а также учитывать локальное накопление радиоактивных аэрозолей, вибрацию, ударное воздействие пара, затопление и контакт с химическими веществами. Следует также учитывать запасы безопасности и синергетический эффект. В случаях, в которых возможны синергетические эффекты, следует обеспечивать, чтобы материалы были квалифицированы по наиболее тяжелому воздействию, или по наиболее тяжелому сочетанию воздействий или наиболее тяжелой последовательности воздействий.

3.62. При наличии достаточного обоснования могут применяться методики ускорения испытаний на старение и квалификационную аттестацию.

3.63. Для элементов, подверженных воздействию различных механизмов старения, следует устанавливать проектный срок службы и при необходимости периодичность замены. В процессе квалификации таких элементов перед их испытанием в соответствующих аварийных условиях образцы элементов следует подвергать старению с целью симулирования окончания их проектного срока службы.

3.64. Элементы, используемые при проведении квалификационных испытаний (фактических испытаний поставляемого оборудования), как правило, не следует впоследствии использовать при строительстве атомной электростанции, за исключением случаев, когда может быть доказано, что условия и методы испытаний не ведут к неприемлемому ухудшению характеристик безопасности.

3.65. Данные и результаты квалификационных испытаний следует включать в проектную документацию.

**Своды положений и нормы**

3.66. В пунктах 3.67–3.69 приведены рекомендации по выполнению требования 9, изложенного в SSR-2/1 (Rev. 1) [1].

3.67. При проектировании конструкций, систем и элементов вспомогательных систем и обслуживающих систем, классифицируемых по безопасности, следует использовать широко принятые или хорошо зарекомендовавшие себя (апробированные) своды положений или нормы. Следует обеспечивать, чтобы выбранные своды положений и нормы были применимы к конкретному проекту и представляли собой целостный, комплексный и последовательный набор норм и критериев. Если для различных параметров одной и той же конструкции, системы или элемента используются разные своды положений и норм, следует убедительно продемонстрировать согласованность таких сводов положений и норм.

3.68. При проектировании и строительстве предпочтительно руководствоваться последними изданиями сводов положений и норм. Вместе с тем при надлежащем обосновании могут использоваться и другие издания.

3.69. Различными национальными и международными организациями разработаны своды положений и нормы, охватывающие вопросы:

a) проектирования механических устройств;
b) проектирования конструкций;
c) подбора материалов;
d) изготовления оборудования и элементов;
e) инспекционного контроля изготовленных и смонтированных конструкций, систем и элементов;
f) проектирования электротехнического оборудования;
g) проектирования систем контроля и управления (СКУ);
h) аттестационной квалификации по условиям окружающей среды и квалификации на сейсмостойкость;
i) пожарной защиты;
j) экранирования и радиационной защиты;
k) обеспечения качества.

**Вопросы компоновки**

3.70. Следует обеспечивать, чтобы компоновка вспомогательных систем и обслуживающих систем обеспечивала:

a) наличие проектных решений, относящихся к строительству, сборке, монтажу, установке и вводу в эксплуатацию, эксплуатации, техническому обслуживанию, выводу из эксплуатации и работам по сносу объекта;
b) надлежащие условия (например, свободный доступ, достаточное освещение) для проведения необходимых работ (например, инспекционного контроля, технического обслуживания);
c) удержание облучения работников, выполняющих работы на вспомогательных системах и обслуживающих системах, на разумно достижимом низком уровне;
d) сведение к минимуму негативного взаимодействия с другими конструкциями, системами и элементами в любых условиях, возникающих на станции;
e) наличие альтернативных средств доступа к вспомогательным системам и обслуживающим системам в случае необходимости локального выполнения ручных операций;
f) наличие безопасных путей эвакуации и доступа для работников аварийно-спасательных служб, включая обеспечение основного и аварийного освещения.

3.71. При проектировании следует предусматривать меры по предотвращению несанкционированного доступа или вмешательства в работу вспомогательных систем и обслуживающих систем (включая несанкционированный удаленный доступ к компьютерным системам).

3.72. Как правило, все вспомогательные системы и обслуживающие системы следует проектироваться и размещать так, чтобы в случае возникновения неисправности или аварии у них сохранялась достаточная способность обеспечивать выполнение обслуживаемых функций безопасности.

**Вопросы, касающиеся межсоединений**

3.73. Следует избегать межсоединений вспомогательных систем и обслуживающих систем, использующих основные обеспечивающие устройства для обслуживания друг друга, или соединений систем, относящихся к более низкому классу безопасности, с системами более высокого класса безопасности так, чтобы возникала возможность нарушения функциональности последних, за исключением случаев, когда может быть доказано, что такое межсоединение приносит положительный эффект с точки зрения обеспечения безопасности. При использовании таких межсоединений следует предусматривать возможность в случае необходимости отсечения (изоляции) основных обеспечивающих систем от других обслуживающих систем.

**Вопросы, касающиеся многоблочных атомных электростанций**

3.74. При проектировании следует обеспечивать, чтобы вспомогательные системы и обслуживающие системы, используемые для обслуживания систем безопасности или для обслуживания средств обеспечения безопасности при возникновении запроектных условий, не были общими для энергоблоков многоблочной атомной электростанции: см. требование 33 в SSR-2/1 (Rev. 1) [1].

3.75. Пункт 5.63 в SSR-2/1 (Rev. 1) [1] гласит: «В целях дальнейшего повышения безопасности в проекте предусматриваются средства, позволяющие обеспечивать соединения между энергоблоками многоблочной АЭС».

**Использование вероятностной оценки при проектировании**

3.76. В пунктах 3.77–3.79 приведены рекомендации по выполнению требования 10, изложенного в SSR-2/1 (Rev. 1) [1] в отношении использования вероятностной оценки безопасности.

3.77. Использование вероятностной оценки безопасности следует считать не заменой подхода к проектированию, основанного на детерминированной оценке безопасности, а частью процесса выявления возможных мер по повышению безопасности и оценки их эффективности.

3.78. Следует обеспечивать, чтобы вероятностная оценка безопасности дополняла детерминированную оценку безопасности, в частности, при проверке и корректировке перечня условий множественных отказов, связанных с вспомогательными системами и обслуживающими системами, а также при определении дополнительных средств обеспечения безопасности с целью разработки сбалансированного проекта. В связи с этим вероятностную оценку безопасности следует считать эффективным средством оценки вероятности потери работоспособности вспомогательных систем и обслуживающих систем и оценки последствий этой потери для обслуживаемой системы или функции. Одновременно при этом следует учитывать ограничения, присущие процессу вероятностной оценки безопасности.

3.79. В дополнение к исследованиям, связанным с изготовлением, испытаниями и инспекционным контролем, а также с оценкой опыта эксплуатации, следует проводить вероятностную оценку безопасности вместе с детерминированной оценкой безопасности с целью подтверждения очень низкой вероятности раннего радиоактивного выброса или большого радиоактивного выброса в случае возникновения запроектных условий с расплавлением активной зоны. В нее следует включать рассмотрение надежности соответствующих участков вспомогательных систем и обслуживающих систем, используемых для обслуживания функции безопасности (например, систем отопления, вентиляции и кондиционирования воздуха), а также других вопросов, обычно рассматриваемых при проведении вероятностной оценки безопасности уровня 2.

# 4. ОСОБЫЕ ВОПРОСЫ, УЧИТЫВАЕМЫЕ ПРИ ПРОЕКТИРОВАНИИ

4.1. В данном разделе приведены рекомендации, относящиеся к отдельным примерам вспомогательных систем и обслуживающих систем, имеющих типовую конструкцию. Очевидно, что в случае других конструкций, включая конструкции атомных электростанций, в которых используются пассивные средства обеспечения безопасности, конфигурация систем может быть иной; следовательно, некоторые из рекомендаций могут оказаться не совсем подходящими или требовать определенной корректировки при их использовании и адаптации к этим системам.

4.2. Выбранные примеры включают вспомогательные системы и обслуживающие системы, которые прямо указываются в качестве таковых в SSR-2/1 (Rev. 1) [1], а также другие вспомогательные системы и обслуживающие системы, которые были выбраны с учетом их важности для безопасности. В отношении вспомогательных систем и обслуживающих систем, не включенных в данный раздел, применяются общие положения по проектированию, изложенные в разделе 3.

4.3. Для выбранных примеров приводятся рекомендации, сгруппированные по следующим рубрикам:

a) функция системы или оборудования;
b) специальные проектные основы.

4.4. Рекомендации, приведенные в данном разделе, преследуют цель обеспечения высокой надежности вспомогательных систем и обслуживающих систем, используемых для обслуживания систем безопасности или для обслуживания средств обеспечения безопасности при возникновении запроектных условий.

## СИСТЕМЫ СВЯЗИ

4.5. В пунктах 4.6–4.24 приведены рекомендации по выполнению требования 37, изложенного в SSR-2/1 (Rev. 1) [1], которое гласит:

> «**На всех участках АЭС должны предусматриваться эффективные средства связи, которые облегчают безопасную эксплуатацию во всех режимах нормальной эксплуатации и могут быть использованы после возникновения любых постулируемых исходных событий и в аварийных условиях**».

4.6. К средствам связи (коммуникации), как правило, относят:

a) систему тревожной сигнализации, выполненную в виде громкой звуковой системы, способной обеспечивать включение сигнализации на площадке или энергоблоках из помещения главного щита управления или помещения дополнительного щита управления. Могут предусматриваться различные виды тревожной сигнализации, например, пожарная сигнализация, сигнализация об оказании первой помощи, эвакуационная сигнализация и общая сигнализация;
b) систему речевой коммуникации, обеспечивающую общение с персоналом внутри станции. Как правило, эта система включает:
   i) проводную систему связи для прямой голосовой связи между помещением главного щита управления (или помещением дополнительного щита управления, если помещение главного щита управления является функционально недоступным) и местными постами управления;

ii) пейджинговую систему, обеспечивающую пейджинговую связь с персоналом на станции;
iii) специальные средства оповещения персонала в шумных помещениях (громкоговорящую систему);

c) системы телефонной связи. Эти системы включают:
i) основную телефонную систему, используемая для общей связи. Мощность этой системы определяется нормальными эксплуатационными потребностями на данной станции;
ii) вспомогательную телефонную систему, представляющую собой резервную телефонную систему, используемую в случае функциональной недоступности основной телефонной системы;
iii) беспроводную систему, которая может быть использована как в нормальных, так и в аварийных условиях;

d) систему внеплощадочной коммуникации, обеспечивающую связь с внешними организациями и службами, в том числе с организациями по обеспечению готовности и реагирования в случае аварийных ситуаций;

e) системы видеонаблюдения для мониторинга основных узлов (например, насосов теплоносителя реактора, стратегических мест в защитной оболочке) или для контроля вне помещения главного щита управления за проведением работ по техническому обслуживанию.

**Функция системы или оборудования**

4.7. Для передачи информации и инструкций между различными пунктами следует предусматривать соответствующую систему связи (коммуникации) так, чтобы лица, находящиеся на атомной электростанции и на площадке, могли получать оповещения, предупреждения и инструкции в процессе нормальной эксплуатации, в случае ожидаемых при эксплуатации событий и в аварийных условиях. В системе также следует предусматривать соответствующие средства для коммуникации во время выполнения работ в мобильном режиме.

4.8. Для обеспечения безопасной и эффективной эксплуатации станции в помещении главного щита управления следует предусматривать наличие соответствующих средств коммуникации. Для связи с персоналом, осуществляющим управление и контроль за работой станции в пределах территории площадки атомной электростанции или в непосредственной близости от нее, следует предусматривать две независимые системы, а именно:

a) громкоговорящую систему;

b) выделенную пейджинговую систему, обеспечивающую пейджинговую связь для персонала в пределах территории площадки станции.

4.9. Службы аварийной готовности и реагирования должны иметь предусмотренные в соответствии с принципом неодинаковости (разнообразия) системы связи: см. пункт 5.67 в SSR-2/1 (Rev. 1) [1] и пункт 5.43 в публикации Серии норм безопасности МАГАТЭ, № GSR Part 7, «Готовность и реагирование в случае ядерной и радиационной аварийной ситуации» [14]. Следует предусматривать, чтобы эти системы обеспечивали связь с помещением главного щита управления, помещением дополнительного щита управления и другими службами аварийного реагирования (см. пункт 6.25 в GSR Part 7 [14]), а также с организациями, осуществляющими реагирование за пределами площадки.

**Специальные проектные основы**

4.10. Системы связи (коммуникации), необходимые для безопасной эксплуатации атомных электростанций, следует проектировать и размещать так, чтобы они могли обеспечивать эффективную коммуникацию внутри станции (система внутренней связи) и между станцией и организациями за пределами площадки (система внешней связи) в процессе нормальной эксплуатации, в случае ожидаемых при эксплуатации событий и в аварийных условиях, а также в условиях, возникающих вследствие воздействия соответствующих внутренних или внешних опасностей.

4.11. Для системы внутренней связи и системы внешней связи следует предусматривать резервный источник электроснабжения.

4.12. Следует обеспечивать, чтобы системы связи, необходимые для безопасной работы станции, были соответственно классифицированы по безопасности.

4.13. Следует обеспечивать, чтобы эффективной связи (коммуникации) не создавали помехи другое электронное или электротехническое оборудование. Аналогичным образом следует обеспечивать, чтобы оборудование беспроводной связи не создавало помехи, оказывающие воздействие на узлы, важные для безопасности (см. также пункт 4.20).

4.14. Главный щит управления следует проектировать так, чтобы он служил в качестве коммуникационного центра станции в процессе нормальной эксплуатации и на ранней стадии аварии.

4.15. Систему тревожной сигнализации следует проектироваться так, чтобы она обеспечивала:

a) сигнализацию о возникновении аварийных условий на площадке станции, затрагивающих весь объект. Эти тревожные сигналы транслируются во все точки на площадке;
b) локальную сигнализацию о возникновении аварийных условий, воздействие которых ограничено одной зоной станции.

4.16. Уровень звука (громкость) системы звуковой сигнализации (например, сирены) следует предусматривать так, чтобы он превышал фоновый шум на станции и был совместим с применением средств индивидуальной защиты. В шумных местах в дополнение к звуковой сигнализации следует применять световую сигнализацию.

4.17. Следует обеспечивать, чтобы пейджинговая система охватывала все зоны станции и ее сигналы принимались на всей территории площадки как внутри, так и снаружи зданий. При проектировании следует обеспечивать, чтобы предусматривалась возможность использования этой системы из помещения главного щита управления и помещения дополнительного щита управления, причем главный щит управления должен иметь приоритет перед другими доступными пунктами управления.

4.18. Следует предусматривать, чтобы главная телефонная система имела необходимое количество точек доступа в соответствии с эксплуатационными требованиями. Следует обеспечивать, чтобы ее мощность была достаточной для удовлетворения потребностей всех лиц, работающих на станции.

4.19. На случай функциональной недоступности главной телефонной системы следует предусматривать резервную телефонную систему, обеспечивающую телефонную связь между всеми соответствующими зонами станции. Следует обеспечивать, чтобы эта дополнительная телефонная система была независимой от главной телефонной системы.

4.20. Следует предусматривать беспроводную систему, способную обеспечивать штатную и аварийную связь с персоналом на площадке и персоналом за пределами площадки. Следует обеспечивать, чтобы эта беспроводная система была независимой от главной и дополнительной телефонных систем, а также была протестирована на предмет наличия на площадке мест, где прием сигнала отсутствует («мертвых зон»). Зоны на станции, в которых беспроводная радиосвязь может вызвать серьезные электромагнитные помехи и привести к последствиям для станции, например, к отключениям и остановкам, следует четко обозначать как зоны на станции, в которых радиосвязь запрещена.

4.21. Система внешней связи необходима для осуществления мероприятий по обеспечению готовности и реагирования в случае аварийных ситуаций: см. пункт 4.9. Следует обеспечивать безопасную, надежную, постоянную, акустическую и двустороннюю голосовую связь с внешними организациями. Когда это практически возможно, эти каналы связи могут быть прямыми телефонными линиями между станциями, для которых не требуется набор номера. Эта система коммуникации должна сохранять работоспособность даже при масштабных сбоях, например, в электроснабжении или работе Интернета (см. пункт 5.69 в GSR Part 7 [14]). Следует предусматривать, чтобы количество телефонов или других устройств связи в данном месте на станции соответствовало ожидаемому спросу на использование системы.

4.22. Следует обеспечивать, чтобы система внутренней связи и система внешней связи были достаточно эффективными для осуществления координации мероприятий по обеспечению готовности и реагирования в случае аварийных ситуаций, включая проведение противоаварийных тренировок и учений.

4.23. Следует предусматривать и другие средства связи, включая систему видеонаблюдения, позволяющую осуществлять мониторинг труднодоступных участков, например, зон, в которых размещаются насосы теплоносителя реактора, или стратегических объектов внутри защитной оболочки (контейнмента).

4.24. Детальные рекомендации, относящиеся к применению принципа неодинаковости (разнообразия) к системам связи (коммуникации), изложены в пунктах 8.39–8.46 публикации Серии норм безопасности МАГАТЭ, № SSG-39, «Проектирование систем контроля и управления для атомных электростанций» [15].

## СИСТЕМА ТЕПЛОПЕРЕНОСА

4.25. В пунктах 4.26–4.44 приведены рекомендации по выполнению требования 70, изложенного в SSR-2/1 (Rev. 1) [1] в отношении отвода тепла от систем и элементов, которые должны функционировать в эксплуатационных состояниях и при возникновении аварийных условий. В частности, пункты 4.26–4.44 охватывают системы теплопереноса, отличные от систем, являющихся предметом SSG-56 [3] и публикации в Серии норм безопасности МАГАТЭ, № NS-G-1.4, «Проектирование систем для обращения с топливом и его хранения на атомных электростанциях» [16].

4.26. В состав систем теплопереноса, являющихся предметом настоящего Руководства по безопасности, входят:

a) водоохлаждаемые элементы, такие как элементы, охлаждаемые системой подачи воды для охлаждения элементов конструкции (например, тепловой барьер для насоса теплоносителя реактора, нерегенеративный теплообменник системы контроля водно-химического режима и объема, электродвигатели и подшипники насосов). Конструктивно система охлаждения элементов конструкции может представлять собой рециркуляционную систему водяного охлаждения, либо систему охлаждения с незамкнутым контуром;
b) системы охлажденной воды, используемые для охлаждения определенных систем отопления, вентиляции и кондиционирования воздуха;
c) вентиляционные системы, осуществляющие охлаждение путем обмена воздуха или с помощью охлаждающих змеевиков.

Система подачи воды для охлаждения элементов конструкции и система охлажденной воды рассматриваются в пунктах 4.27–4.44; системы отопления, вентиляции и кондиционирования воздуха — в пунктах 4.108–4.170.

## Особые вопросы, касающиеся систем теплопереноса

*Функция системы или оборудования*

4.27. Системы теплопереноса необходимы для обеспечения достаточного охлаждения систем и элементов, с тем чтобы они могли непрерывно выполнять свои проектные функции, а также выполнять предписываемые им функции безопасности во всех эксплуатационных состояниях и в аварийных условиях: см. требование 70 в SSR-2/1 (Rev. 1) [1].

*Специальные проектные основы*

4.28. При проектировании системы теплопереноса следует учитывать все виды тепловых нагрузок, которые могут воздействовать на конкретный технологический процесс. Следует обеспечивать достаточное охлаждение конструкций, систем и элементов с помощью устройств для теплопереноса, таких как теплообменники и охладители (например, подшипники, маслоохладители, электрооборудование) с целью предупреждения превышения их расчетного температурного предела.

4.29. Помимо тепловых нагрузок при проектировании системы теплопереноса следует учитывать расчетный температурный предел поглотителя тепла, который должен основываться на достаточно консервативных расчетах, выполненных с использованием надлежащих допусков в отношении неопределенностей.

4.30. Если система теплопереноса применяется для охлаждения оборудования, необходимого для выполнения функции безопасности, следует обеспечивать, чтобы:

a) система теплопереноса была классифицирована по безопасности в соответствии с данной функцией безопасности и отвечала соответствующим проектным требованиям (например, в отношении резервирования, аварийного электроснабжения, защиты от внутренних и внешних опасностей, периодического проведения инспекционного контроля и испытаний, технического обслуживания и обеспечения качества). В частности, для трубопроводов теплопереноса, расположенных вне зданий, следует предусматривать обеспечение необходимого сопроводительного обогрева для защиты от экстремально холодной погоды или защиту от других внешних опасностей;
b) надежность контура охлаждения оценивалась с учетом отказов общего вида; при необходимости на соответствующих участках систем охлаждения следует применять предусматриваемые в соответствии с принципом неодинаковости (разнообразия) средства теплопереноса.

4.31. Следует учитывать риск возникновения течей теплоносителя реактора или охлаждающей среды через ограничивающий барьер и оценивать последствия этих течей с точки зрения возможной потери функции охлаждения, потенциального радиологического воздействия и эффекта разбавления, обусловленного смешиванием борированной воды с чистой водой.

4.32. В системе теплопереноса, используемой для обслуживания функции безопасности, следует предусматривать средства мониторинга уровня теплоносителя и/или прямого детектирования течей для обеспечения раннего обнаружения потери теплоносителя. Следует предусматривать, чтобы при обнаружении потери теплоносителя обеспечивалось восполнение теплоносителя из резервных запасов теплоносителя реактора. Следует предусматривать достаточный объем воды для обеспечения надлежащего охлаждения во всех ситуациях при возникновении аварийных условий, а также следует предусматривать возможность пополнения объема воды и обеспечения длительного отвода тепла. Также еще одним методом обеспечения надлежащего охлаждения в краткосрочной и долгосрочной перспективе является применение полностью раздельных контуров безопасности, включая систему подпитки для каждого контура.

**Система охлажденной воды**

4.33. Как правило, система охлажденной воды обеспечивает подачу охлажденной воды для снижения нагрузок на системы отопления, вентиляции и кондиционирования воздуха (например, охлаждения для вентиляции помещения главного щита управления, вентиляции корпуса электротехнического оборудования или вентиляции защитной оболочки во время работы станции на мощности) и других технологических нагрузок. Чиллеры системы охлажденной воды охлаждаются системой подачи воды для охлаждения элементов конструкции или воздухом.

*Функция системы или оборудования*

4.34. При проектировании станции следует предусматривать систему охлажденной воды, подающую достаточное количество охлажденной воды в определенные зоны для охлаждения систем отопления, вентиляции и кондиционирования воздуха (например, для вентиляция корпуса электротехнического оборудования, вентиляция помещения главного щита управления) и технологических нагрузок во всех состояниях станции.

*Специальные проектные основы*

4.35. Следует обеспечивать, чтобы участки системы охлажденной воды, используемые для обслуживания системы, выполняющей функцию безопасности (категория безопасности 1 или 2) в случае проектной аварии, были соответственно классифицированы по безопасности, отвечали соответствующим проектным требованиям (например, в отношении резервирования, аварийного электроснабжения, защиты от внутренних и внешних опасностей, периодического проведения инспекционного контроля и испытаний, технического обслуживания и обеспечения качества) и были спроектированы и изготовлены в соответствии с применяемыми при проектировании нормами и правилами.

4.36. Трубопроводы системы охлажденной воды, проходящие через защитную оболочку, должны иметь соответствующие автоматические или пассивные средства отсечения (изоляции): см. требование 56 в SSR-2/1 (Rev. 1) [1]. Дополнительные рекомендации изложены в публикации Серии норм безопасности МАГАТЭ, № SSG-53, «Design of the Reactor Containment and Associated Systems for Nuclear Power Plants » («Проектирование защитной оболочки реактора и связанные с ней систем атомных электростанций») [17]. Эти участки системы следует классифицировать по безопасности (с учетом выполняемой ими функции безопасности, отнесенной к категории безопасности 1), и следует обеспечивать, чтобы они отвечали соответствующим проектным требованиям.

4.37. При расчете производительности чиллеров в системе охлажденной воды следует учитывать:

a) экстремальную расчетную температуру воды в системе подачи воды для охлаждения элементов конструкции, либо экстремальные расчетные условия на площадке (в случае воздушного охлаждения), в зависимости от конкретных обстоятельств;
b) максимальные тепловые нагрузки.

4.38. В некоторых проектах станций предусматриваются раздельные системы теплопереноса для узлов, важных для безопасности, и для узлов, не являющихся важными для безопасности. Если раздельные системы теплопереноса не используются, то следует предусматривать возможность отсечения (изоляции) участка системы, обслуживающей узлы, не являющиеся важными для безопасности, с помощью должным образом классифицированных средств: см. пункт 6.46 в SSR-2/1 (Rev. 1) [1].

4.39. Следует проводить оценку надежности теплопереноса к конечному поглотителю тепла. В случае если эта надежность оказывается недостаточной, следует надлежащим образом применять принцип неодинаковости (разнообразия) (например, предусматривать охлаждение некоторых чиллеров воздухом, если вначале это охлаждение обеспечивается системой подачи воды для охлаждения элементов конструкции, и наоборот).

4.40. В связи с проблемой образования конденсата все холодные части системы охлажденной воды после покраски следует покрывать изоляцией, за исключением участков, которые должны быть доступны для проведения работ по техническому обслуживанию.

4.41. Для оборудования, контактирующего с наружным воздухом, следует обеспечивать защиту от коррозии (особенно в случае станций, расположенных вблизи моря) и от промерзания.

**Система подачи воды для охлаждения элементов конструкции (кроме отвода остаточного тепла)**

*Функция системы или оборудования*

4.42. Следует обеспечивать, чтобы система подачи воды для охлаждения элементов конструкции выполняла функции:

a) отвода тепла от оборудования и передачи его конечному поглотителю тепла в эксплуатационных состояниях и аварийных условиях;
b) защиту от выбросов радиоактивных веществ в конечный поглотитель тепла.

*Специальные проектные основы*

4.43. Вопросы, касающиеся теплопередающей способности системы подачи воды для охлаждения элементов конструкции в случае возникновения аварии, являются предметом SSG-56 [3].

4.44. Если система подачи воды для охлаждения элементов конструкции используется для охлаждения элементов, содержащих теплоноситель реактора (например, теплового барьера для насосов теплоносителя реактора), следует предусматривать, чтобы:

a) система подачи воды для охлаждения элементов конструкции выполнялась в виде замкнутой петли во избежание утечек теплоносителя первого контура в конечный поглотитель тепла;
b) обеспечивался контроль химического состава воды в системе подачи воды для охлаждения элементов конструкции с целью предупреждения развития коррозии;
c) использовалась система мониторинга для обнаружения радиоактивности в системе подачи воды для охлаждения элементов конструкции;

d) обеспечивалась защита системы подачи воды для охлаждения элементов конструкции от избыточного давления, вызываемого течами, возникающими в теплообменниках, имеющих сопряжения с системами теплоносителя, работающими под более высоким давлением. В таких случаях при проектировании системы подачи воды для охлаждения элементов конструкции следует обеспечивать предотвращение утечек теплоносителя первого контура за пределы защитной оболочки (контейнмента) путем отсечения (изоляции) находящейся под давлением части системы подачи воды для охлаждения элементов конструкции.

## СИСТЕМА ОТБОРА ТЕХНОЛОГИЧЕСКИХ И ПОСЛЕАВАРИЙНЫХ ПРОБ

4.45. В пунктах 4.46–4.72 приведены рекомендации по выполнению требования 71, изложенного в SSR-2/1 (Rev. 1) [1].

4.46. Система отбора технологических и послеаварийных проб должна обеспечивать получение проб, подлежащих анализу в процессе нормальной эксплуатации или после аварии. В зависимости от выполняемого анализа эти пробы могут относится к различным объектам, в том числе к системе радиационного мониторинга технологических процессов.

### Функция системы или оборудования

4.47. Следует предусматривать, чтобы система отбора технологических и послеаварийных проб обеспечивала отбор жидких и газообразных проб, необходимых в процессе нормальной эксплуатации для анализа химических и радиохимических характеристик системы теплоносителя реактора и связанных с ней вспомогательных систем и обслуживающих систем (например, системы аварийного охлаждения активной зоны; системы отвода остаточного тепла; системы контроля водно-химического режима и объема; в случае кипящих реакторов (BWR) — системы очистки реакторной воды), а также атмосферы в защитной оболочке (контейнменте) и системы второго контура.

4.48. Следует предусматривать, чтобы система отбора технологических и послеаварийных проб обеспечивала отбор проб применительно ко всем системам нормальных технологических процессов и основным элементам, включая вспомогательные системы и обслуживающие системы, необходимые для мониторинга соответствия проб эксплуатационным пределам и условиям (например, отбор проб для определения концентрации бора в аккумуляторных баках реакторов с водой под давлением PWR).

4.49. Следует предусматривать, чтобы система отбора технологических и послеаварийных проб была способна обеспечивать отбор проб в процессе нормальной эксплуатации для получения информации, позволяющей выявлять условия, которые могут ставить под угрозу целостность границы давления теплоносителя реактора.

4.50. Следует предусматривать, чтобы система отбора технологических и послеаварийных проб обеспечивала локализацию радиоактивных веществ при подключении пробоотборной линии к системе, содержащей радиоактивную текучую среду. При разработке проекта следует предусматривать, чтобы система обеспечивала сбор, кондиционирование и доставку репрезентативных проб текучих сред (жидкостей и газов) в один или несколько пунктов определения характеристик проб.

4.51. Применительно к бассейну выдержки отработавшего топлива следует обеспечивать, чтобы система отбора технологических и послеаварийных проб была способна обнаруживать условия, могущие привести к чрезмерно высоким уровням излучения. Следует предусматривать также, чтобы система также обеспечивала получение информации для контроля водно-химического режима, необходимого для сохранения целостности оболочек тепловыделяющих сборок, внутренних конструкций бассейна выдержки отработавшего топлива и систем охлаждения бассейна выдержки отработавшего топлива.

4.52. Следует предусматривать, чтобы система отбора технологических и послеаварийных проб обеспечивала возможность мониторинга концентрации растворимых поглотителей нейтронов в эксплуатационных состояниях и при возникновении аварийных условий.

**Специальные проектные основы**

4.53. При проектировании системы отбора технологических и послеаварийных проб следует предусматривать, чтобы она обеспечивала отбор проб, проведение которого необходимо в процессе нормальной эксплуатации для соблюдения проектных требований и удовлетворения эксплуатационных нужд. При проектировании следует предусматривать мониторинг для подтверждения должных характеристик воды и газа в системе теплоносителя реактора и связанных с ним вспомогательных системах и обслуживающих системах (например, в системе замедлителя и связанном с ним вспомогательном оборудовании в случае реакторов с тяжелой водой под давлением PHWR), а также в атмосфере защитной оболочки (контейнмента) и системы второго контура.

4.54. При проектировании системы отбора технологических и послеаварийных проб следует предусматривать, чтобы она функционировала в случае возникновения проектных аварий и запроектных условий, при которых необходим соответствующий отбор проб или мониторинг (например, отбор проб газа и воды внутри защитной оболочки реактора в случае тяжелых аварий).

4.55. Выбор точек отбора проб зависит от конкретной конструкции. Для каждого типа проб в зависимости от их значимости следует определять необходимость применения непрерывного анализа с использованием онлайновых мониторов, устанавливаемых на пробоотборной линии или подтверждать достаточность ручного периодического отбора проб для анализа.

4.56. Как правило, анализ проб следует проводить в лаборатории, находящейся на территории станции. Вместе с тем для проведения особых анализов в редких случаях могут использоваться лаборатории, расположенные за пределами станции или ее площадки. Насколько практически возможно, при проектировании и компоновке системы отбора технологических и послеаварийных проб следует предусматривать, чтобы время между забором проб и анализом проб было минимальным; это может быть достигнуто путем сокращения расстояния или организации быстрой доставки проб.

4.57. Следует обеспечивать, чтобы пробы, отобранные из жидких и газообразных технологических потоков и резервуаров, были репрезентативными. Например, отбор пробы из резервуара следует производить из контура рециркуляции во избежание пробоотбора в низких точках или потенциальных ловушках осадка. При отборе проб из технологического потока точки отбора следует выбирать в зонах турбулентного потока. При необходимости следует обеспечивать охлаждение и снижение давления применительно к пробам текучих сред перед проведением их анализа.

4.58. Следует предусматривать, чтобы в процессе нормальной эксплуатации система отбора технологических и послеаварийных проб обеспечивала мониторинг переменных и систем, обеспечивающих безопасность, включая переменные и системы, которые могут влиять на процесс ядерного деления и целостность активной зоны реактора и границы давления теплоносителя реактора. Следует предусматривать, чтобы система отбора проб обеспечивала получение информации для оценки защиты систем безопасности и других систем, важных для безопасности, от аномальных отказов, а также для оценки наличия условий, обеспечивающих выполнение этими системами предписываемых им функций безопасности.

4.59. Следует предусматривать, чтобы система отбора технологических и послеаварийных проб в соответствующих случаях выполняла функции:

a) обеспечения верификации соответствия водно-химического режима первого и второго контуров (включая такие ключевые параметры, как концентрация хлоридов, водорода и кислорода) установленным пределам, а также обеспечения подавления механизмов коррозии и исключения их негативного воздействия на границу давления теплоносителя реактора;
b) обеспечения применительно к реакторам с водой под давлением (PWR) верификации в процессе нормальной эксплуатации должного уровня концентрация бора (например, в воде бака для хранения воды системы перегрузки топлива и в воде аккумуляторного бака) для гарантии подкритичности активной зоны в случае возникновения соответствующих аварийных условий;
c) обеспечения отбора проб для проверки соответствия концентрации химических веществ в баке коррекционной добавки химических реагентов для системы впрыска установленным пределам, с тем чтобы в защитной оболочке (контейнменте) и в случае возникновения аварийных условий происходило должное удаление иода, а также обеспечивалась совместимость материалов.

4.60. Пробы сбросов, пробы продувки и пробы слива следует по возможности возвращать в систему, из которой производится отбор проб, или в соответствующую систему обработки отходов. В случае рециклирования проб в системе теплоносителя реакторов с водой под давлением PWR (или в замедлителе реакторов с тяжелой водой под давлением PHWR) следует обеспечивать, чтобы материал пробы соответствовал рекомендациям, изложенным в SSG-56 [3] в отношении материалов системы теплоносителя реактора.

4.61. Если пробоотборные линии оснащены клапанами с электроприводом, то следует обеспечивать, чтобы в целях предотвращения радиоактивных выбросов эти клапаны имели отказоустойчивое закрытое положение.

4.62. Следует предусматривать решения для ограничения радиоактивных выбросов в случае разрыва линии отбора проб теплоносителя реактора (например, пассивное ограничение потока, резервируемые отсечные клапаны, которые прошли аттестационную квалификацию и закрываются автоматически).

4.63. Следует обеспечивать, чтобы классификация по безопасности и сейсмостойкость пробоотборной линии на отрезке до второго отсечного клапана соответствовали классификации по безопасности и сейсмостойкости системы, из которой отбираются пробы.

4.64. Следует обеспечивать, чтобы участки системы отбора технологических и послеаварийных проб, находящиеся за отсечными клапанами границы давления системы теплоносителя реактора, считались выполняющими функцию безопасности и были соответственно классифицированы по безопасности.

4.65. Пробоотборные линии, подсоединенные к системам, находящимся внутри защитной оболочки (контейнмента), должны иметь соответствующие средства для автоматического отсечения (изоляции) защитной оболочки: см. требование 56 в SSR-2/1 (Rev. 1) [1]. Следует обеспечивать, чтобы линии отбора проб из системы теплоносителя реактора имели не менее двух отсечных клапанов: см. пункт 6.22 в SSR-2/1 (Rev 1) [1]. Следует обеспечивать, чтобы эти средства отсечения (изоляции) защитной оболочки (контейнмента) были классифицированы по безопасности (с учетом выполняемой ими функции безопасности, отнесенной к категории безопасности 1) и отвечали соответствующим проектным требованиям (например, в отношении резервирования, аварийного электроснабжения, защиты от внутренних и внешних опасностей, периодического проведения инспекционного контроля и испытаний, технического обслуживания и обеспечения качества), а также были спроектированы и изготовлены в соответствии с применяемыми при проектировании нормами и правилами. После аварии может возникнуть необходимость в отборе проб теплоносителя первого контура для проверки концентрации бора, измерения радиоактивности и определения состава продуктов деления. Для обеспечения такого отбора проб следует предусматривать возможность открытия линий отбора проб первичного теплоносителя, как только радиологическая обстановка в местах отбора проб позволит это сделать (при необходимости с соблюдением особых мер предосторожности).

4.66. Проектирование и сооружение системы следует выполнять так, чтобы облучение работников станции удерживалось на разумно достижимом низком уровне.

4.67. С целью снижения облучения персонала, работающего с системой отбора технологических и послеаварийных проб или находящегося вблизи этой системы, следует предусматривать соответствующее компоновочные и проектные решения в конструкции станции (например, защитное экранирование, тревожную сигнализацию о радиационной опасности и радиоактивности, вентиляцию). В частности, для обеспечения защиты эксплуатационного персонала трубопроводы с высокорадиоактивными текучими средами следует размещать за экраном для защиты от излучения. На дисплеи следует выводить часто требующуюся информацию, а также следует обеспечивать возможность манипулирования исполнительными механизмами за пределами экрана для защиты от излучения.

4.68. При проектировании системы в целях снижения радиационного облучения следует предусматривать:

a) ограждение экраном для защиты от излучения высокого уровня, создаваемого другим системами, рабочих зон вокруг элементов системы отбора технологических и послеаварийных проб, когда для этих элементов требуется проведение регулярного технического обслуживания;
b) наличие достаточного рабочего пространства для проведения работ по техническому обслуживанию элементов системы отбора технологических и послеаварийных проб;
c) меры, предотвращающие отложение радиоактивного осадка в пробоотборных линиях (например, промывку, ограничение числа низких точек).

4.69. При проектировании системы отбора технологических и послеаварийных проб следует обеспечивать возможность отбора и анализа высокорадиоактивных проб после аварии. К ним относятся пробы теплоносителя реактора, приямка защитной оболочки (контейнмента) и атмосферы защитной оболочки, например, для получения информации о значении pH оборотной воды и концентрации водорода и продуктов деления в атмосфере защитной оболочки.

4.70. Радиоактивные или потенциально радиоактивные пробы следует отделять от нерадиоактивных проб. При выборе уровня разделения следует учитывать потребности системы отвода дренажных вод оборудования и трапных вод, а также организацию обработки стоков.

4.71. В случае проведения анализа вне защитной оболочки (контейнмента) высокорадиоактивные пробы следует закачивать обратно в защитную оболочку, если возникает риск превышения возможностей станции по обращению с пробами в качестве радиоактивных отходов.

4.72. Работу с пробами радиоактивных жидкостей следует выполнять в перчаточных боксах, изготовленных из материала, например, нержавеющей стали, поверхность которого легко поддается дезактивации. Следует обеспечивать, чтобы специальные прочноплотные перчаточные боксы, находились под отрицательным давлением и были соединены с постоянными иодными ловушками через систему вентиляции для обеспечения защиты персонала, работающего с пробами. Кроме того, при необходимости следует предусматривать средства для дегазации проб с целью снижения уровня радиоактивности в жидких пробах.

## СИСТЕМА РАДИАЦИОННОГО МОНИТОРИНГА ТЕХНОЛОГИЧЕСКИХ ПРОЦЕССОВ

4.73. В пунктах 4.74–4.93 приведены рекомендации по выполнению требования 82, изложенного в SSR-2/1 (Rev. 1) [1].

### Функция системы или оборудования

4.74. Следует предусматривать, чтобы в процессе нормальной эксплуатации, в случае ожидаемых при эксплуатации событий, проектных аварий и, насколько это возможно, при возникновении запроектных условий система радиационного мониторинга технологических процессов выполняла функции:

a) обеспечения радиационного мониторинга локализационных барьеров;
b) обеспечения мониторинга радиоактивных выбросов и получения информации, необходимой для проведения диагностики на наличие радиоактивности на станции;
c) предупреждения в случае необходимости о риске радиационного облучения;

d) обеспечения вывода информации, необходимой для выполнения автоматических или ручных действий по локализации радиоактивных веществ с целью ограничения радиологических последствий.

4.75. Следует предусматривать, чтобы система радиационного мониторинга технологических процессов в соответствующих случаях выполняла функции:

a) мониторинга работы парогенератора с целью обнаружения недопустимой течи труб парогенератора и определения необходимости начала действий по отсечению (изоляции) пострадавшего парогенератора;
b) мониторинга в режиме холодного останова активности внутри защитной оболочки (контейнмента), здания для хранения топлива и любого здания, в котором может возникнуть авария, связанная с технологическими операциями по обращению с топливом, с целью обнаружения аварии, которая потребует подачи тревожного сигнала о начале эвакуации и действий по локализации радиоактивных веществ;
c) мониторинга активности газообразных стоков для верификации соблюдения регулирующих пределов для радиоактивных сбросов;
d) обеспечения вывода информации, необходимой для обеспечения локализации радиоактивных веществ, находящихся в контролируемых зонах за пределами защитной оболочки.

4.76. Следует предусматривать точки отбора проб для периодического мониторинга с проведением лабораторных анализов, в особенности в случае систем, которые не работают в процессе нормальной эксплуатации.

**Специальные проектные основы**

4.77. Следует предусматривать постоянный мониторинг целостности первичных и вторичных локализационных барьеров путем измерения радиоактивности текучих сред (например, в теплоносителе реактора и атмосфере защитной оболочки), контактирующих с барьерами во всех состояниях станции. Применительно к вторичному барьеру следует предусматривать постоянный мониторинг радиоактивности в атмосфере вблизи труб с теплоносителем реактора;

4.78. Следует обеспечивать мониторинг радиоактивности текучих сред (жидкостей или газов), которые обычно не являются радиоактивными, но могут быть загрязнены в результате утечек из систем, содержащих радиоактивные вещества (например, это может быть тепловой барьер насоса теплоносителя реактора или теплообменник спринклерной системы защитной оболочки) в случае нарушения целостности локализационного барьера.

4.79. Следует предусматривать постоянный мониторинг уровней радиоактивности в атмосфере таких зданий, как здание реактора, здание для хранения топлива, ядерный вспомогательный корпус, связанное с обеспечением безопасности вспомогательное здание и здание обработки отходов.

4.80. Для обнаружения утечек из локализационного барьера следует обеспечивать мониторинг радиоактивности жидкости из системы охлаждения элементов конструкции (в случае легководных реакторов с водой под давлением PWR и реакторов с тяжелой водой под давлением PHWR — жидкость из второго контура парогенераторов).

4.81. Следует обеспечивать, чтобы при возникновении некоторых послеаварийных условий, например, после аварии с потерей теплоносителя или тяжелой аварии, система радиационного мониторинга обеспечивала мониторинг, позволяющий оценивать радиологический выброс в атмосферу защитной оболочки (контейнмента). В случае кипящих реакторов (BWR) этот мониторинг и оценку следует распространять и на другие зоны, содержащие трубопроводы системы теплоносителя реактора.

4.82. Для защиты эксплуатационного персонала следует обеспечивать постоянный мониторинг атмосферы в защитной оболочке (контейнменте) и других зданиях, где могут возникать радиоактивные выбросы, для принятия мер и подачи тревожного сигнала в целях начала проведения эвакуации персонала, в частности, в случае аварии, связанной с технологическими операциями по обращению с топливом. Кроме того, следует предусматривать мониторинг поверхностного загрязнения во всех зонах, содержащих большое количество радиоактивных жидкостей и твердых радиоактивных отходов.

4.83. Следует предусматривать, чтобы система радиационного мониторинга технологических процессов обеспечивала получение информации о любом радиоактивном выбросе, в случае которого может потребоваться принятие мер по защите эксплуатационного персонала и населения.

4.84. В соответствующих случаях радиоактивность в главных паропроводах, в продувочной системе парогенераторов и в конденсаторе следует измерять с целью постоянного мониторинга радиоактивности во втором контуре парогенераторов для подачи тревожного сигнала эксплуатационному персоналу и для автоматического задействования систем безопасности в случае необходимости.

4.85. Следует предусматривать, чтобы система радиационного мониторинга технологических процессов была способна контролировать радиоактивность в резервуарах для хранения газообразных радиоактивных отходов с целью обнаружения аномальных уровней радиоактивности в системах обработки радиоактивных отходов.

4.86. Для обеспечения обитаемости помещения главного щита управления в случае радиоактивного загрязнения площадки следует предусматривать, чтобы система радиационного мониторинга технологических процессов выполняла мониторинг воздуха, поступающего в помещение главного щита управления, и включала иодные фильтры и фильтры для улавливания твердых частиц в системе вентиляции помещения главного щита управления (см. пункты 4.160–4.167).

4.87. Мониторинг радиоактивности воздуха следует обеспечивать на основных вентиляционных каналах из помещений, в которых может произойти радиоактивное загрязнение (например, помещений в здании для хранения топлива и в ядерном вспомогательном корпусе). Следует предусматривать отсечение (изоляцию) соответствующих участков штатной системы вентиляции и включение высокоэффективных фильтров воздуха для улавливания твердых частиц (HEPA-фильтров) и иодных фильтров в случае обнаружения радиоактивного загрязнения воздуха (см. пункты 4.109–4.170).

4.88. Следует обеспечивать мониторинг любого резервуара, в который может попасть радиоактивная текучая среда в результате утечки из системы теплоносителя реактора при возникновении аварийных условий, с целью исключения возможности сброса в систему обработки жидких отходов и оказания помощи персоналу станции в принятии решения о закачивании стоков обратно в защитную оболочку.

4.89. Для системы сброса жидких радиоактивных отходов следует предусматривать непрерывное измерение концентрации активности радионуклидов в жидких стоках при осуществлении операций сброса. Следует обеспечивать, чтобы в случае появления показаний в измерениях, свидетельствующих о том, что разрешенные пределы для сбросов могут быть превышены, включалось автоматическое отсечение (изоляция) линии сброса, сопровождаемое тревожным сигналом.

4.90. Все газообразные сбросы следует удалять через единую вентиляционную трубу. Мониторинг радиоактивности инертных газов в вентиляционной трубе следует обеспечивать в широком диапазоне концентраций активности, а также следует обеспечивать, чтобы система мониторинга включала тревожный сигнал в случае превышения разрешенных пределов для сбросов. Кроме того, следует предусматривать мониторинг уровней содержания радиоактивного иода, трития и $^{14}C$ в сбросах через вентиляционную трубу.

4.91. На каждом приямке, в котором может собираться сильно загрязненная вода, следует обеспечивать постоянное проведение измерений мощности дозы. Кроме того, следует предусматривать автоматическое отсечение (изоляцию) отвода содержимого приямков в систему обработки радиоактивных отходов в случае, когда мощность дозы превышает установленный пороговый уровень.

4.92. Следует предусматривать, чтобы система радиационного мониторинга технологических процессов обеспечивала получение полной информации о радиологической обстановке на станции, необходимой для осуществления плана аварийных мероприятий.

4.93. Более детальные рекомендации по вопросам радиационной защиты, учитываемым при проектировании атомных электростанций, изложены в NS-G-1.13 [5].

## СИСТЕМА СЖАТОГО ВОЗДУХА

4.94. В пунктах 4.95–4.107 приведены рекомендации по выполнению требования 72, изложенного в SSR-2/1 (Rev. 1) [1]. Обычно система сжатого воздуха обеспечивает подачу сжатого воздуха в обслуживающую пневматическую систему, а также на пневматические приборы и исполнительные механизмы. В пунктах 4.95–4.107 основное внимание уделяется системе сжатого воздуха, обеспечивающей сжатым воздухом пневматические приборы и исполнительные механизмы.

### Функция системы или оборудования

4.95. Следует предусматривать, чтобы система сжатого воздуха обеспечивала бесперебойную подачу сжатого воздуха к пневматическим приборам и исполнительным механизмам, используемым для обслуживания элементов, выполняющих функцию безопасности в любом состоянии станции.

Следует обеспечивать, чтобы сжатый воздух, подаваемый этой системой, имел удовлетворительные характеристики качества, чистоты, объемного расхода и давления.

**Специальные проектные основы**

4.96. Следует обеспечивать, чтобы участок системы сжатого воздуха, подающий сжатый воздух для приведения в действие или управления оборудованием, выполняющим функцию безопасности в процессе нормальной эксплуатации, в случае ожидаемых при эксплуатации событий, проектных аварий, запроектных условий или аварий, был классифицирован по безопасности в соответствии с этой функцией безопасности и отвечал соответствующим проектным требованиям (например, в отношении резервирования, аварийного электроснабжения, защиты от внутренних и внешних опасностей, периодического проведения инспекционного контроля и испытаний, технического обслуживания и обеспечения качества).

4.97. Если система сжатого воздуха обеспечивает воздухом узлы, важные для безопасности, и узлы, не являющиеся важными для безопасности, следует предусматривать, чтобы участок системы, подающий воздух на узлы, важные для безопасности, был отсечен (изолирован) от участка, снабжающего воздухом узлы, не являющиеся важными для безопасности.

4.98. Участок системы сжатого воздуха, подающий воздух на узлы, важные для безопасности, следует проектировать так, чтобы он сохранял функционирование при возникновении неблагоприятных природных явлений, в случае ожидаемых при эксплуатации событий (включая потерю внешнего (внеплощадочного) электроснабжения) и в аварийных условиях (в частности, в случае аварии с потерей теплоносителя или при разрыве главного паропровода). Если внутри защитной оболочки (контейнмента) устанавливаются резервные емкости для подачи воздуха, то при проектировании этих емкостей следует учитывать любое повышение внутреннего давления, вызванное высокими температурами внутри защитной оболочки во время проектных аварий.

4.99. Если пневматический привод необходим при возникновении аварийных условий, то следует предусматривать, чтобы время автономной работы системы сжатого воздуха (например, за счет использования резервных емкостей) соответствовало времени, в течение которого должно обеспечиваться выполнение функции безопасности; в противном случае следует предусматривать установку резервной системы сжатого воздуха.

4.100. В случае использования резервуаров для сжатого воздуха для обеспечения автономной работы системы сжатого воздуха расположенные перед ними заправочные трубопроводы следует оснащать обратными клапанами для предотвращения потери герметичности в результате утечки на этих трубопроводах, которые не классифицированы по безопасности, и, таким образом, для сохранения подачи воздуха к узлам, важным для безопасности. Следует предусматривать периодическое проведение проверок герметичности этих обратных клапанов.

4.101. Когда система сжатого воздуха необходима для обслуживания систем безопасности или средств обеспечения безопасности при возникновении запроектных условий, следует обеспечивать, чтобы объем запасов сжатого воздуха соответствовал времени эксплуатационной готовности мобильного оборудования для заправки емкостей со сжатым воздухом.

4.102. При проектировании системы сжатого воздуха следует обеспечивать исключение байпасирования защитной оболочки (контейнмента) или разгерметизации защитной оболочки. Следует предусматривать, чтобы системы, расположенные внутри защитной оболочки (контейнмента) и необходимые для использования в долгосрочной перспективе после аварии, не зависели от систем сжатого воздуха в выполнении предписываемых им функций безопасности. Во избежание нарастания давления в защитной оболочке (контейнменте) вследствие утечки из систем сжатого воздуха следует предусматривать установку специальной послеаварийной системы сжатого воздуха для подачи воздуха, выходящего из защитной оболочки, на находящиеся внутри защитной оболочки приборы.

4.103. Необходимо обеспечивать автоматическое отсечение (перекрытие) трубопроводов сжатого воздуха, проходящих через защитную оболочку: см. требование 56 в SSR-2/1 (Rev. 1) [1]. Следует обеспечивать, чтобы эти средства отсечения (изоляции) защитной оболочки (контейнмента) были классифицированы по безопасности (с учетом выполняемой ими функции безопасности, отнесенной к категории безопасности 1), отвечали соответствующим проектным требованиям (например, в отношении резервирования, аварийного электроснабжения, защиты от внутренних и внешних опасностей, периодического проведения инспекционного контроля и испытаний, технического обслуживания и обеспечения качества), а также были спроектированы и изготовлены в соответствии с применяемыми нормами и правилами.

4.104. Качество сжатого воздуха зависит от качества приточного воздуха: поэтому следует выбирать соответствующие точки для забора воздуха (например, места с беспыльной средой вдали от источников вредных или опасных газов).

4.105. В точках подачи сжатого воздуха во всех состояниях станции следует обеспечивать надлежащее качество сжатого воздуха (с контролем по точке росы, содержанию твердых частиц и гранулометрическому составу, максимальному общему содержанию масла или углеводородов, влажности и химическому загрязнению). Поэтому следует периодически проводить отбор и анализ проб сжатого воздуха.

4.106. По маршруту трубопроводов системы сжатого воздуха следует обеспечивать дренаж конденсирующихся газов и паров. Следует обеспечивать исключение образования жидкостных пробок посредством создания соответствующего уклона при прокладке трубопроводов.

4.107. Для повышения надежности подачи сжатого воздуха на приборы следует применять кольцевую топологию и воздухораспределители (воздушные коллекторы). В случае использования воздушных коллекторов резервируемые клапаны следует запитывать от разных воздухораспределительных коллекторов.

## СИСТЕМЫ ОТОПЛЕНИЯ, ВЕНТИЛЯЦИИ И КОНДИЦИОНИРОВАНИЯ ВОЗДУХА

4.108. В пунктах 4.109–4.170 приведены рекомендации по выполнению требования 73, изложенного в SSR-2/1 (Rev. 1) [1].

### Общие вопросы, касающиеся систем отопления, вентиляции и кондиционирования воздуха

4.109. Проектные требования, предъявляемые к системе отопления, вентиляции и кондиционирования воздуха, зависят от предписываемых ей функций безопасности. Системы отопления, вентиляции и кондиционирования воздуха выполняют две основные функции: контроль радиоактивных сбросов и поддержание окружающих условий (например, температуры, влажности, уровня содержания радиоактивных аэрозолей), необходимых для функционирования узлов, важных для безопасности, а также для обеспечения доступности и обитаемости помещений. Поэтому принято выделять следующие две группы систем отопления, вентиляции и кондиционирования воздуха:

a) системы отопления, вентиляции и кондиционирования воздуха (или участки этих систем), используемые для контроля радиоактивных сбросов, в частности, при фильтрации воздуха в определенных зонах. В эту группу входят система вентиляции контролируемой зоны с инженерно-техническими средствами обеспечения безопасности, система вентиляции в здании для хранения топлива, система вентиляции в здании для обработки стоков от радиоактивных отходов, вентиляционная система сдувки газов из защитной оболочки и, в соответствующих случаях, система вентиляции в кольцевом пространстве защитной оболочки;
b) системы отопления, вентиляции и кондиционирования воздуха, поддерживающие окружающие условия, необходимые для функционирования систем и элементов, важных для безопасности, а также для обеспечения обитаемости помещений щита управления и служб аварийного реагирования на площадке. В эту группу входят системы вентиляции корпуса электротехнического оборудования, здания, в котором размещаются дизель-генераторы, насосной станции и зон помещений щита управления.

*Функция системы или оборудования*

4.110. В проекте атомной электростанции следует предусматривать системы отопления, вентиляции и кондиционирования воздуха, содействующие выполнению фундаментальной функции безопасности — локализация радиоактивных веществ и ограничение аварийных радиоактивных выбросов.

4.111. Следует обеспечивать, чтобы системы отопления, вентиляции и кондиционирования воздуха выполняли в соответствующих случаях одну или несколько следующих функций:

a) поддержание надлежащих окружающих условий в помещениях применительно к температуре, влажности и содержанию радиоактивных аэрозолей;
b) мониторинг и ограничение газообразных радиоактивных выбросов в процессе нормальной эксплуатации, в случае ожидаемых при эксплуатации событий и в аварийных условиях;

c) защита эксплуатационного персонала и оборудования от рисков, возникающих внутри или снаружи зданий (например, от выбросов опасных веществ, экстремальных погодных условий).

4.112. Окружающие условия в помещениях (например, температуру, влажность и содержание радиоактивных аэрозолей) следует поддерживать в допустимых пределах для узлов, важных для безопасности: см. требование 73 в SSR-2/1 (Rev. 1) [1]. Кроме того, должны поддерживаться окружающие условия, учитывающие необходимость обеспечения доступа для персонала: см. пункт 6.48 b) в SSR-2/1 (Rev. 1) [1]. Для поддержания этих условий следует предусматривать, чтобы системы отопления, вентиляции и кондиционирования воздуха обеспечивали достаточную минимальную кратность обмена воздуха.

4.113. Мониторинг и ограничение газообразных радиоактивных выбросов в процессе нормальной эксплуатации, в случае ожидаемых при эксплуатации событий и в аварийных условиях следует обеспечивать с учетом следующих условий:

a) в помещениях, расположенных в контролируемых зонах, следует удерживать давление на уровне, не превышающем атмосферное давление, с целью предотвращения рассеивания радиоактивных веществ в атмосферу в условиях нормальной эксплуатации (см. пункт 6.49 в SSR-2/1 (Rev. 1) [1]). Этого можно добиться, если скорость потока приточного воздуха будет меньше скорости потока вытяжного воздуха;
b) следует обеспечивать, чтобы, насколько практически возможно, при возникновении аварийных условий поток воздуха из помещений с меньшим риском радиоактивного загрязнения поступал в помещения с более высоким риском радиоактивного загрязнения;
c) следует обеспечивать фильтрацию воздуха в радиоактивно загрязненных зонах (или потенциально подверженных радиоактивному загрязнению зонах) перед его сбросом в окружающую среду, с тем чтобы сбросы удерживались на разумно достижимом низком уровне и не превышали разрешенных пределов в процессе нормальной эксплуатации и в случае ожидаемых при эксплуатации событий, а также не превышали допустимых пределов, установленных для аварийных условий;
d) следует обеспечивать мониторинг радиоактивности вытяжного воздуха, который поступает из контролируемой зоны. Этот воздух следует выводить в вентиляционную трубу.

4.114. Следует обеспечивать, чтобы системы отопления, вентиляции и кондиционирования воздуха содействовали защите персонала и оборудования от соответствующих рисков, возникающих в результате воздействия постулируемых внутренних событий (например, внутренних пожаров и взрывов) и постулируемых внешних событий (например, экстремальных погодных условий, образования удушливых или токсичных газов).

*Специальные проектные основы*

4.115. При проектировании следует учитывать зоны, в которых существует риск облучения радиоактивным иодом, в частности, помещения, в которых системы, содержащие радиоактивную жидкость, могут выделять значительные количества радиоактивного иода при возникновении аварийных условий, включая установление соответствующих критериев для функции локализации, обеспечиваемой этими помещениями при возникновении различных аварийных условий.

4.116. Вентиляцию помещений, в которых существует риск облучения радиоактивным иодом, следует проектировать так, чтобы она содействовала ограничению радиоактивных сбросов.

4.117. При проектировании систем отопления, вентиляции и кондиционирования воздуха, содействующих обеспечению ограничения радиоактивных выбросов, следует предусматривать, чтобы эти системы позволяли проводить мониторинг и ограничивали сбросы радиоактивных веществ в процессе нормальной эксплуатации, в случае ожидаемых при эксплуатации событий и в аварийных условиях.

4.118. При проектировании систем отопления, вентиляции и кондиционирования воздуха, содействующих обеспечению ограничения радиоактивных выбросов, следует предусматривать, чтобы эти системы перед выбросом воздушных масс через вентиляционную трубу фильтровали удаляемый воздух с помощью фильтров предварительной очистки, НЕРА-фильтров и при необходимости иодных фильтров. Следует обеспечивать, чтобы эффективность НЕРА-фильтров и иодных фильтров соответствовала требованию в отношении соблюдения разрешенных пределов для сбросов в процессе нормальной эксплуатации и в случае ожидаемых при эксплуатации событий, а также допустимых пределов для сбросов в аварийных условиях.

4.119. При определении кратности обмена воздуха (скорости воздухообмена) следует учитывать:

a) зоны значительного риска получения внутреннего облучения;
b) зоны пренебрежимо малого риска получения внутреннего облучения;
c) зоны, в которых риск получения внутреннего облучения не является пренебрежимо малым, но риск выброса радиоактивного иода пренебрежимо мал.

4.120. При проектировании систем отопления, вентиляции и кондиционирования воздуха, содействующих ограничению радиоактивных выбросов, в частности выбросов радиоактивного иода, следует обеспечивать должный уровень защиты и учитывать влияние ветра.

4.121. При проектировании систем отопления, вентиляции и кондиционирования воздуха, поддерживающих окружающие условия, необходимые для функционирования узлов, важных для безопасности, а также для обеспечения доступности и обитаемости помещения (температура, влажность, допустимые уровни содержания радиоактивных аэрозолей и свежего воздуха), следует учитывать базовые атмосферные условия и экстремальные атмосферные условия (например, параметры температуры и влажности и продолжительности действия этих условий), определенные в проектных основах атомной электростанции.

4.122. Если участок системы отопления, вентиляции и кондиционирования воздуха используется для обслуживания системы безопасности в процессе выполнении предписываемой ему функции безопасности (категория безопасности 1 или 2) в случае проектной аварии, следует обеспечивать, чтобы этот участок был соответственно классифицирован по безопасности, а также отвечал соответствующим проектным требованиям, а именно следует предусматривать, чтобы:

a) в целях соблюдения критерия единичного отказа при проектировании системы применялась концепция резервирования;
b) система обеспечивалась электропитанием от источника аварийного электроснабжения, размещенного на площадке;
c) система была защищена от внутренних и внешних опасностей. В частности, резервные каналы следует физически разделять, и следует обеспечивать, чтобы элементы конструкции были устойчивыми к воздействию сейсмических нагрузок. Более того, при наличии должного обоснования при проектировании системы вентиляции следует

обеспечивать исключение попадания взрывоопасных, токсичных газов и тепловой энергии из внешних источников в здания, содержащие узлы, важные для безопасности, а также следует обеспечивать защиту вентиляционных каналов забора и выпуска от внешних взрывов;

d) применительно к системам периодически проводились инспекционный контроль и испытания. Детальные рекомендации изложены в публикации Серии норм безопасности МАГАТЭ, № NS-G-2.6, «Техническое обслуживание, надзор и инспекции при эксплуатации на атомных электростанциях» [18];

e) проектирование, изготовление, ввод в эксплуатацию и испытания элементов систем осуществлялись в соответствии с применяемыми стандартами качества;

f) проектирование и изготовление элементов выполнялось в соответствии с применяемыми при проектировании нормами и правилами.

4.123. При обеспечении взаимодействия систем отопления, вентиляции и кондиционирования воздуха с системами противопожарной защиты следует учитывать рекомендации, изложенные в пунктах 2.19, 4.14, 5.10, 5.13, 5.48, 6.8 и 6.9 в NS-G-1.7 [4].

*Вентиляционная система с инженерно-техническими средствами обеспечения безопасности в контролируемой зоне*

Функция системы или оборудования

4.124. В состав вентиляционной системы с инженерно-техническими средствами обеспечения безопасности в контролируемой зоне, как минимум, входят:

a) помещения, в которых размещены системы аварийного охлаждения активной зоны, находящиеся за пределами защитной оболочки (контейнмента);

b) помещения, в которых размещена системы отвода остаточного тепла, если система размещена вне защитной оболочки (контейнмента);

c) помещения, в которых размещена спринклерная система защитной оболочки (контейнмента), находящиеся за пределами защитной оболочки.

4.125. Следует предусматривать, чтобы функции вентиляционной системы с инженерно-техническими средствами обеспечения безопасности в контролируемой зоне обеспечивали поддержание окружающих условий, необходимых для доступа персонала и для функционирования узлов, важных для безопасности, в процессе нормальной эксплуатации, в случае ожидаемых при эксплуатации событий и в аварийных условиях.

4.126. Следует предусматривать, чтобы вентиляционная система с инженерно-техническими средствами обеспечения безопасности в контролируемой зоне непосредственно содействовала локализации радиоактивных веществ и исключению превышения допустимых пределов для радиационной защиты на станции.

Специальные проектные основы

4.127. Следует обеспечивать, чтобы вентиляционная система с инженерно-техническими средствами обеспечения безопасности в контролируемой зоне использовалась как для обслуживания функции безопасности (категория безопасности 2), так и непосредственно выполняла функцию безопасности (категория безопасности 1 или 2); как таковая была соответственно классифицирована по безопасности и отвечала соответствующим проектным требованиям (например, в отношении резервирования, аварийного электроснабжения, защиты от внутренних и внешних опасностей, периодического проведения инспекционного контроля и испытаний, технического обслуживания и обеспечения качества), а также была спроектирована и изготовлена в соответствии с применяемыми при проектировании нормами и правилами.

4.128. При проектировании вентиляционной системы с инженерно-техническими средствами обеспечения безопасности следует предусматривать, чтобы поток воздуха поступал из зон, не являющихся контролируемыми зонами, в контролируемые зоны.

4.129. Помещения, в которых размещена система аварийного охлаждения активной зоны, помещения системы отвода остаточного тепла и помещения спринклерной системы защитной оболочки (контейнмента) следует считать зонами, в которых риск внутреннего облучения от радиоактивного иода в аварийных условиях аварии является значительным.

4.130. В случае размещения системы отвода остаточного тепла за пределами защитной оболочки (контейнмента) следует обеспечивать, чтобы:

a) при проектировании системы вентиляции с инженерно-техническими средствами обеспечения безопасности в контролируемой зоне учитывался возможный разрыв трубопровода системы отвода остаточного тепла за пределами защитной оболочки (контейнмента);

b) в состояниях останова в помещениях, в которых размещается система отвода остаточного тепла, поддерживалось более низкое давление, чем в помещениях с инженерно-техническими средствами обеспечения безопасности в зонах, не являющихся контролируемыми зонами,

4.131. Следует обеспечивать, чтобы для участков вентиляционной системы с инженерно-техническими средствами обеспечения безопасности, не являющихся важными для безопасности, предусматривалось автоматическое отсечение (изоляция) в случае возникновения аварийных условий.

*Система вентиляции в здании для хранения топлива*

Функция системы или оборудования

4.132. Следует предусматривать, чтобы функции системы вентиляции в здании для хранения топлива заключались в поддержании соответствующих окружающих условий (например, температуры, влажности, уровней содержания радиоактивных аэрозолей) для доступа персонала в необходимых случаях и для функционирования элементов, важных для безопасности, во всех состояниях станции.

4.133. Следует предусматривать, чтобы система вентиляции в здании для хранения топлива содействовала локализации радиоактивных веществ и исключению превышения допустимых пределов для радиационной защиты на станции.

Специальные проектные основы

4.134. При проектировании системы вентиляции в здании для хранения топлива следует предусматривать контроль концентрации радиоактивных аэрозолей в зонах размещения оборудования бассейна выдержки отработавшего топлива для обеспечения доступа к ним для персонала в процессе нормальной эксплуатации, в случае ожидаемых при эксплуатации событий и после проектной аварии, связанной с технологическими операциями по обращению с топливом.

4.135. Контролируемую зону в здании для хранения топлива следует считать зоной, в которой риск внутреннего облучения от радиоактивного иода является значительным, за исключением случаев, когда анализ показывает, что некоторые помещения не подвержены такому риску.

4.136. Следует обеспечивать, чтобы участки системы вентиляции в здании для хранения топлива, необходимые для локализации радиоактивных веществ (категория безопасности 1 или 2) или для функционирования связанных с обеспечением безопасности элементов (используемых для обслуживания функции, отнесенной к категории безопасности 2) в случае проектной аварии, связанной с технологическими операциями по обращению с топливом, были соответственно классифицированы по безопасности и отвечали соответствующим проектным требованиям (например, в отношении резервирования, аварийного электроснабжения, защиты от внутренних и внешних опасностей, периодического проведения инспекционного контроля и испытаний, технического обслуживания и обеспечения качества).

4.137. При проектировании системы вентиляции в здании для хранения топлива следует предусматривать, чтобы поток воздуха поступал из зон здании для хранения топлива, не являющихся контролируемыми зонами (если таковые имеются), в контролируемые зоны.

4.138. При проектировании следует предусматривать, чтобы система вентиляции в здании для хранения топлива выполняла функции:

a) определения необходимости отсечения (изоляции) любого участка системы, предназначенной для зон, которые не являются контролируемыми зонами (при их наличии);
b) обеспечения при необходимости отсечения (изоляции ) участка системы, который не является важным для безопасности;
c) активирования элементов, которые не используются в процессе нормальной эксплуатации и которые являются необходимыми в аварийных условиях.

4.139. При проектировании следует предусматривать, чтобы система вентиляции в здании для хранения топлива выполняла функции:

a) ограничения радиоактивных сбросов в окружающую среду в случае аварии, связанной с технологическими операциями по обращению с топливом, обеспечивая достижение целей безопасности на станции;
b) удерживания в процессе нормальной эксплуатации и в случае ожидаемых при эксплуатации событий уровня радиоактивности в

газообразных сбросах в окружающую среду, который не превышает разрешенных пределов и находится в рамках разумно достижимых низких значений.

*Система вентиляции в здании для обработки сбросов*

Функция системы или оборудования

4.140. Следует предусматривать, чтобы функции системы вентиляции в здании для обработки сбросов заключались в поддержании соответствующих окружающих условий, которые необходимы для доступа персонала и для должного функционирования оборудования в процессе нормальной эксплуатации.

4.141. Следует предусматривать, чтобы системы вентиляции в здании для обработки сбросов обеспечивала локализацию радиоактивных веществ в здании для обработки сбросов при возникновении аварийных условий, включая условия, вызванные проектным землетрясением уровня SL-2. В зависимости от результатов анализа безопасности локализация радиоактивных веществ может быть основана на принципах статической локализации или динамической локализации.

Специальные проектные основы

4.142. При проектировании системы вентиляции в здании для обработки сбросов следует предусматривать контроль концентрации радиоактивных аэрозолей в контролируемой зоне здания для обработки сбросов для обеспечения доступа к ней персонала в процессе нормальной эксплуатации.

4.143. Систему вентиляции в здании для обработки сбросов следует проектировать так, чтобы в процессе нормальной эксплуатации уровень радиоактивности в газообразных сбросах в окружающую среду не превышал разрешенных пределов и удерживался в рамках разумно достижимых низких значений. Следует обеспечивать, чтобы элементы системы вентиляции в здании для обработки сбросов, обеспечивающие контроль радиоактивных сбросов, были соответственно классифицированы по безопасности (с учетом выполняемой ими функции безопасности, отнесенной к категории безопасности 3).

4.144. При проектировании системы вентиляции в здании для обработки сбросов следует предусматривать, чтобы поток воздуха поступал из зон здания для обработки сбросов, не являющихся контролируемыми зонами, в контролируемую зону.

4.145. Следует предусматривать проектные решения (например, средства отсечения или изоляции каналов забора и выпуска, устойчивые к воздействию землетрясений), если локализация радиоактивных веществ в контролируемой зоне здания для обработки сбросов в случае проектного землетрясения уровня SL-2 обеспечивается посредством статической локализации.

*Системы вентиляции защитной оболочки*

4.146. Как правило, защитная оболочка (контейнмент) делится на две отдельные зоны:

a) зону обслуживания, в которую персонал может иметь доступ во время работы реактора на мощности;
b) зону, в которой находятся отсеки для основного оборудования системы теплоносителя реактора. Эта зона недоступна для персонала во время работы реактора на мощности.

4.147. Для обогрева, вентиляции и кондиционирования воздуха в защитной оболочке (контейнменте) используется несколько систем. Конструктивно эти системы состоят из:

a) систем, обеспечивающих вентиляцию замкнутого цикла в защитной оболочке (контейнменте) для поддержания окружающих условий, необходимых для надлежащего функционирования приборов и оборудования, а также для уменьшения радиоактивных сбросов за счет снижения концентрации аэрозолей и радиоактивного иода внутри здания реактора. Эти системы обеспечивают охлаждение полости реактора;
b) вентиляционной системы сдувки газов из защитной оболочки, которая работает, когда реактор находится в режиме холодного останова, и поддерживает приемлемые окружающие условия для персонала. Эта система также ограничивает сбросы радиоактивных веществ в окружающую среду в случае аварии, связанной с технологическими операциями по обращению с топливом внутри защитной оболочки (контейнмента). Во время нормальной эксплуатации перед проходом персонала внутрь защитной оболочки система снижает уровень радиоактивных газов в атмосфере зоны обслуживания.

Функция системы или оборудования

4.148. Следует предусматривать, чтобы вентиляционная система сдувки газов из защитной оболочки обеспечивала локализацию радиоактивных веществ в случае аварии, связанной с технологическими операциями по обращению с топливом внутри защитной оболочки (контейнмента).

4.149. При проектировании вентиляционной системы сдувки газов из защитной оболочки следует обеспечивать, чтобы она контролировала концентрацию радиоактивных аэрозолей и содействовала поддержанию в защитной оболочке (контейнменте) окружающих условий, при которых возможен доступ в нее персонала, когда реактор находится в режиме холодного останова, и после проектной аварии, связанной с технологическими операциями по обращению с топливом. В частности, следует обеспечивать, чтобы вентиляционная система сдувки газов из защитной оболочки снижала аэрозольную радиоактивность за счет инертных газов и насыщенного тритием водяного пара в состоянии останова реактора.

Специальные проектные основы

4.150. Следует обеспечивать, чтобы участок вентиляционной системы сдувки газов из защитной оболочки, обеспечивающий локализацию радиоактивных веществ (категория безопасности 1 или 2), был соответственно классифицирован по безопасности и отвечал соответствующим проектным требованиям (например, в отношении резервирования, аварийного электроснабжения, защиты от внутренних и внешних опасностей, периодического проведения инспекционного контроля и испытаний, технического обслуживания и обеспечения качества), а также был спроектирован и изготовлен в соответствии с применяемыми при проектировании нормами и правилами. Следует обеспечивать, чтобы этот участок системы, в частности, был способен выполнять предписываемую ему функцию безопасности в случае проектного землетрясения уровня SL-2.

4.151. Следует предусматривать, чтобы вентиляционная система сдувки газов из защитной оболочки ограничивала сбросы радиоактивных веществ в окружающую среду, обеспечивая достижение целей безопасности в случае аварии, связанной с технологическими операциями по обращению с топливом внутри защитной оболочки (контейнмента). В сценарии, которые рассматриваются при проектировании этой системы, следует включать аварийное отключение с открытой защитной оболочкой (контейнментом).

4.152. При проектировании вентиляционной системы сдувки газов из защитной оболочки следует учитывать, что при перемещении отработавшего топлива в бассейне хранения топлива повреждение топливной оболочки может приводить к выделению радиоактивных газов и аэрозолей в некоторых зонах защитной оболочки. Кроме того, систему сдувки газов из защитной оболочки следует проектировать так, чтобы:

a) в состоянии нормального холодного останова уровень радиоактивности в газообразных сбросах в окружающую среду не превышал разрешенных пределов и удерживался в рамках разумно достижимых низких значений;
b) она содействовала отсечению (изоляции) защитной оболочки (категория безопасности 1). Следует обеспечивать, чтобы отсечные устройства были соответственно классифицированы по безопасности с учетом высокого уровня радиоактивности внутри защитной оболочки (контейнмента) при возникновении аварийных условий;
c) для защитной оболочки (контейнмента) обеспечивалась защита от чрезмерного отрицательного давления;
d) обеспечивалось повышение эффективности системы контроля водорода в защитной оболочке (контейнменте).

## Специальные вопросы, касающиеся систем отопления, вентиляции и кондиционирования воздуха, обеспечивающих поддержание окружающих условий

### *Системы вентиляции зон, не относящихся к контролируемым зонам, содержащие оборудование, важное для безопасности*

4.153. Данный раздел касается вентиляционных систем, единственной функцией которых является поддержание окружающих условий, необходимых для функционирования систем и элементов, важных для безопасности, и для доступа персонала. В зависимости от компоновки эти системы могут включать в себя систему вентиляции корпуса электротехнического оборудования, здания, в котором размещаются дизель-генераторы, насосную станцию и участок связанного с обеспечением безопасности вспомогательного корпуса, обычно содержащий систему аварийной подачи питательной воды и систему подачи воды для охлаждения элементов конструкции.

Функция системы или оборудования

4.154. При проектировании вентиляционных систем для зон, не относящихся к контролируемым зонам, следует обеспечивать, чтобы окружающие условия в помещениях, например температура, влажность и чистота воздуха, поддерживались в допустимых пределах для элементов, важных для безопасности, и для доступа персонала.

Специальные проектные основы

4.155. Следует обеспечивать, чтобы все участки вентиляционных систем для зон, не относящихся к контролируемым зонам, которые необходимы для выполнения системой функции безопасности (категория безопасности 1 или 2) в случае проектной аварии, были соответственно классифицированы по безопасности и отвечали соответствующим проектным требованиям (например, в отношении резервирования, аварийного электроснабжения, защиты от внутренних и внешних опасностей, периодического проведения инспекционного контроля и испытаний, технического обслуживания и обеспечения качества), а также были спроектированы и изготовлены в соответствии с применяемыми при проектировании нормами и правилами.

4.156. Следует обеспечивать, чтобы функционирование систем отопления, вентиляции и кондиционирования воздуха в основных помещениях корпуса электротехнического оборудования сохранялось в случае обесточивания станции.

4.157. При проектировании систем вентиляции в помещениях с электротехническим оборудованием, в которых находятся аккумуляторные батареи, следует учитывать риск взрыва водорода.

4.158. В помещениях с электротехническим оборудованием следует обеспечивать, чтобы воздух, подаваемый вентиляцией, имел удовлетворительные характеристики качества, необходимые для защиты от повреждения электрических контактов, обусловленного наличием пыли, загрязнения, песка, мелкозернистых частиц и влажности.

4.159. Более детальные рекомендации изложены в публикации Серии норм безопасности МАГАТЭ, № SSG-34, «Design of Electrical Power Systems for Nuclear Power Plants» («Проектирование систем электроснабжения на атомных электростанциях») [19].

*Системы вентиляции в помещении главного щита управления, помещении дополнительного щита управления и служб аварийного реагирования на площадке*

Функция системы или оборудования

4.160. Функции системы вентиляции в помещении главного щита управления заключаются в поддержании функционирования связанных с обеспечением безопасности элементов и в обеспечении обитаемости помещения главного щита управления в любом состоянии станции. Это относится к ситуациям, в которых во внешней среде присутствует дым, возникают взрывы, образуются токсичные газы или радиоактивное загрязнение. Выполнение этих функций обеспечивается путем поддержания надлежащих окружающих условий (температуры, влажности, чистоты и свежести воздуха) и удержания концентрации радиоактивных аэрозолей на уровне, необходимом для обеспечения обитаемости помещения главного щита управления и функционирования элементов оборудования.

Специальные проектные основы

4.161. При проектировании системы вентиляции в помещении главного щита управления следует предусматривать, чтобы она обеспечивала функционирование связанных с обеспечением безопасности элементов (категории безопасности 2), была соответственно классифицирована по безопасности и отвечала соответствующим проектным требованиям (например, в отношении резервирования, аварийного электроснабжения, защиты от внутренних и внешних опасностей, периодического проведения инспекционного контроля и испытаний, технического обслуживания и обеспечения качества), а также была спроектирована и изготовлена в соответствии с применяемыми при проектировании нормами и правилами.

4.162. При проектировании системы вентиляции в помещении главного щита управления следует предусматривать, чтобы она обеспечивала автоматическое поддержание в помещении главного щита управления давления, превышающего атмосферное давление, в эксплуатационных состояниях и в аварийных условиях с целью исключения попадания в это помещение радиоактивных веществ в случае возникновения радиоактивного заражения площадки.

4.163. При проектировании системы вентиляции в помещении главного щита управления следует предусматривать, чтобы она обеспечивала очистку воздуха, поступающего в помещение главного щита управления, с использованием соответствующих иодных фильтров и фильтров для улавливания твердых частиц в случае радиоактивного заражения площадки.

4.164. Следует предусматривать, чтобы система вентиляции в помещении главного щита управления обеспечивала отсечение (изоляцию) помещения главного щита управления во избежание попадания в него любых веществ, которые могут быть вредными для персонала или функционирования оборудования.

4.165. Следует предусматривать, чтобы система вентиляции в помещении главного щита управления или связанная с ней система были способны обеспечивать удаление дыма в случае возникновения пожара в помещении щита управления.

4.166. Следует обеспечивать, чтобы система вентиляции в помещении дополнительного щита управления не была общей и не использовалась совместно с помещением главного щита управления. Рекомендации, приведенные в пунктах 4.161–4.165 в отношении системы вентиляции в помещении главного щита управления, распространяются и на систему вентиляции в помещении дополнительного щита управления.

4.167. Следует обеспечивать, чтобы система вентиляции в помещениях служб аварийного реагирования на площадке не была общей и не использовалась совместно с помещением главного щита управления или помещением дополнительного щита управления. При проектировании этой вентиляционной системы следует предусматривать, чтобы она с достаточной степенью уверенности обеспечила обитаемость служб аварийного реагирования на площадке в широком диапазоне опасных условий, включая экстремальные условия, не учтенные при проектировании АЭС.

### *Системы отопления, вентиляции и кондиционирования воздуха в турбинных зданиях кипящих реакторов*

4.168. В случае кипящих реакторов ( BWR) следует обеспечивать, чтобы системы отопления, вентиляции и кондиционирования воздуха в турбинных зданиях поддерживали в процессе нормальной эксплуатации, в случае ожидаемых при эксплуатации событий и после проектной аварии окружающие условия, например температуру, влажность и содержание радиоактивных аэрозолей, которые не превышают допустимые пределы для конструкций, систем и элементов и совместимы с присутствием персонала.

4.169. Вытяжной воздух из турбинного здания кипящего реактора (BWR) следует отводить в главную вентиляционную трубу станции. Следует обеспечивать мониторинг газообразных радиоактивных сбросов и их удерживание на уровне, не превышающем разрешенных пределов.

4.170. При проектировании системы отопления, вентиляции и кондиционирования воздуха в турбинном здании следует предусматривать, чтобы поток воздуха поступал из помещений с более низким уровнем радиоактивного загрязнения в помещения с более высоким уровнем радиоактивного загрязнения.

## СИСТЕМЫ ОСНОВНОГО ОСВЕЩЕНИЯ И АВАРИЙНОГО ОСВЕЩЕНИЯ

4.171. В пунктах 4.173–4.179 приведены рекомендации по выполнению требования 75, изложенного в SSR-2/1 (Rev. 1) [1].

4.172. Системы освещения, как правило, состоят из:

a) системы основного (рабочего) освещения, обеспечивающей освещение, необходимое для работы в процессе нормальной эксплуатации;
b) системы аварийного освещения, обеспечивающей освещение при пожаре, в случае ожидаемых при эксплуатации событий (включая такие события, как потеря внешнего (внеплощадочного) электроснабжения) и при возникновении проектных аварий;
c) запускающейся при обесточивании станции системы освещения, обеспечивающей работу осветительных приборов в случае полной потери внешнего электроснабжения и внутреннего электроснабжения;
d) системы освещения, обеспечивающей освещение аварийных выходов, используемых для эвакуации персонала.

### Функция системы или оборудования

4.173. Следует предусматривать, чтобы системы освещения и их источники электроснабжения обеспечивали освещенность, достаточную для доступа персонала к соответствующим зонам и выполнения всех необходимых ручных операций (например, технического обслуживания, действий, предписываемых аварийными эксплуатационными процедурами) во всех состояниях установки, а также для безопасного выхода из этих зон в случае проведения эвакуации.

**Специальные проектные основы**

4.174. Следует обеспечивать, чтобы система аварийного освещения немедленно включалась в случае выхода из строя системы основного освещения или в случае потери внешнего (внеплощадочного) электроснабжения и функционировала до тех пор, пока не будет задействован источник аварийного электроснабжения.

4.175. Как минимум, аварийное освещение следует предусматривать в зонах, в которых находятся узлы, важные для безопасности, а также на путях доступа к этим зонам и спасательных маршрутах. В частности, это включает:

a) помещение главного щита управления;
b) помещение дополнительного щита управления;
c) службы аварийного реагирования на площадке;
d) зону аварийных генераторов;
e) зону, содержащую аварийные распределительные устройства, пульты управления электродвигателями, аккумуляторные батареи постоянного тока и преобразователи переменного тока в постоянный;
f) зоны станции, в которых необходимо выполнять ручные действия, предписываемые аварийными эксплуатационными процедурами.

4.176. Следует предусматривать, чтобы аварийное освещение в помещении главного щита управления было независимым от любой другой системы освещения, имеющейся в помещении главного щита управления. Следует обеспечивать регулирование среднего уровня освещенности в помещении главного щита управления с учетом используемых индикаторов и дисплеев с целью снижения эффектов отражения и ослепления, а также других эффектов, связанных с неправильным освещением. Кроме того, в помещении главного щита управления следует предусматривать несколько зон освещения с возможностью его ручного регулирования для обеспечения освещенности, необходимой для выполнения персоналом станции своей работы.

4.177. В случае обесточивания станции достаточный уровень освещенности следует обеспечивать, как минимум, в помещении главного щита управления, помещении дополнительного щита управления, помещениях служб аварийного реагирования и местах, где операторы могут осуществлять необходимые действия.

4.178. Электропитание системы аварийного освещения в случае обесточивания станции следует обеспечивать от аккумуляторных батарей постоянного тока, имеющих достаточную емкость для обеспечения работы в течение периода, соответствующего времени восстановления внутреннего или внешнего источника электроснабжения.

4.179. Следует предусматривать, чтобы система освещения аварийных выходов обеспечивала минимальный уровень освещенности, необходимый для безопасного выхода персонала из помещений и зданий. Электропитание этой системы освещения следует обеспечивать от аккумуляторных батарей постоянного тока, имеющих достаточную емкость для обеспечения работы в течение времени, позволяющего провести эвакуацию персонала в любых условиях, включая пожар.

## ГРУЗОПОДЪЕМНОЕ ОБОРУДОВАНИЕ ПОДВЕСНОГО ТИПА

4.180. В пунктах 4.182–4.198 приведены рекомендации по выполнению требования 76, изложенного в SSR-2/1 (Rev. 1) [1].

4.181. Грузоподъемное оборудование подвесного типа состоит из элементов и оборудования, предназначенных для перемещения тяжелых грузов (т.е. с массой, превышающей массу одной тепловыделяющей сборки вместе с устройством для ее перемещения) на атомной электростанции. Кран конструкции защитной оболочки и кран топливного здания входят в состав системы подвесного типа для перемещения тяжелых грузов. Разгрузочно-загрузочные машины не являются предметом настоящего Руководства по безопасности.

### Функция системы или оборудования

4.182. Грузоподъемное оборудование подвесного типа следует оснащать устройствами, используемыми при перемещении и изменении места размещения тяжелого оборудования в пределах территории электростанции.

4.183. К грузам, перемещаемым с помощью грузоподъемного оборудования подвесного типа, относятся:

a) головка сухого бокса (кипящих реакторов BWR);
b) внутрикорпусные устройства реактора;
c) крышка корпуса реактора;
d) электродвигатель насоса теплоносителя реактора.

**Специальные проектные основы**

4.184. При проектировании грузоподъемного оборудования подвесного типа необходимо предусматривать консервативные решения для предотвращения случайного падения груза, которое может повредить узлы, важные для безопасности (пункт 6.55 b) в SSR-2/1 (Rev. 1) [1]). Такие решения включают ограничение движения грузоподъемного оборудования подвесного типа (конструктивно или с помощью блокировок) в сторону зон, в которых хранится топливо и оборудование, содействующее выполнению функции безопасности. Также посредством проведения оценки падения перемещаемых грузов следует подтверждать невозможность появления неприемлемых последствий.

4.185. Для перемещения тяжелых грузов следует определять безопасные пути перемещения, с тем чтобы свести к минимуму возможность падения груза на облученное топливо в корпусе реактора или бассейне выдержки отработавшего топлива, а также на оборудование, необходимое для достижения или поддержания безопасного останова реактора.

4.186. Стальные конструкции, механизмы и элементы (например, цепи, тросы, канаты, стропы) грузоподъемного оборудования следует проектировать с достаточным запасом безопасности относительно предела текучести при номинальной нагрузке.

4.187. При проектировании следует обеспечивать, чтобы грузоподъемные краны мостового типа были способны удерживать и сохранять контроль над максимальными грузами в случае проектных землетрясений уровня SL-2.

4.188. Следует предусматривать решения, предотвращающие использование грузоподъемного оборудования подвесного типа в условиях, могущих привести к незапланированному выбросу радиоактивных веществ в случае аварии (см. также пункт 6.55 d) в SSR-2/1 (Rev. 1) [1]). Например, оснащение крана перегрузки бочек с отработавшим топливом блокировкой может предотвратить его использование при открытых воротах здания для хранения топлива.

4.189. При проектировании грузоподъемного оборудования подвесного типа следует предусматривать возможность опускания груза вручную в случае потери электроснабжения, потери крутящего момента или механической поломки (см. также пункт 6.55 d) в SSR-2/1 (Rev. 1) [1]).

4.190. При разработке проекта грузоподъемного оборудования подвесного типа, включая перегрузочные и подъемные приспособления, следует обеспечивать исключение возможности ударного повреждения топлива или узлов, важных для безопасности, в случае потери электроснабжения или возникновения проектного землетрясения уровня SL-2.

4.191. Для предотвращения подъема чрезмерно тяжелых грузов все виды грузоподъемного оборудования подвесного типа следует оснащать устройством для взвешивания грузов с дисплейным экраном, который всегда виден оператору оборудования. В конструкции такого взвешивающего устройства следует предусматривать систему защиты от перегрузки.

4.192. Следует обеспечивать, чтобы в случае потери электропитания все электромеханические элементы грузоподъемного оборудования подвесного типа автоматически переводились в отказоустойчивое положение. Следует обеспечивать, чтобы после восстановления электропитания оборудование находилось в заблокированном положении до вмешательства оператора.

4.193. Грузоподъемное оборудование подвесного типа следует оснащать кнопкой аварийной остановки (т.е. кнопкой, останавливающей любое движение оборудования) в дополнение к верхнему концевому выключателю блокировки по высоте и обычным средствам остановки движения оборудования.

4.194. Грузоподъемное оборудование подвесного типа, могущее повредить узел, важный для безопасности, следует оснащать механизмом фиксации, который может быть задействован в результате срабатывания предохранительного тормоза на барабане, либо резервного подъемного механизма. Следует предусматривать, чтобы этот механизм фиксации приводился в действие резервным устройством обнаружении превышения скорости или резервным устройством обнаружении отказавшего подъемного механизма. Следует обеспечивать, чтобы такое устройство обнаружения было полностью независимым от команд оператора и органов управления.

4.195. При проектировании грузоподъемного оборудования подвесного типа внутри защитной оболочки (особенно балок и крановых путей) следует учитывать дополнительные нагрузки, возникающие в результате воздействия окружающих условий, которые могут создаваться внутри защитной оболочки (контейнмента) в случае аварии с потерей теплоносителя.

4.196. Перед вводом в эксплуатацию оборудования для погрузочно-разгрузочных операций следует проводить его испытания по меньшей мере на воздействие максимальной ожидаемой нагрузки. Периодически следует проводить инспекционный контроль и испытания в процессе нормальной эксплуатации с целью обеспечения и верификации функционирования связанных с обеспечением безопасности устройств, включая верхний концевой выключатель, блокировку превышения скорости, блокировку перегрузки и блокировку зон ограниченного доступа.

4.197. При проектировании следует предусматривать, чтобы краны, которые могут подвергнуться радиоактивному загрязнению, покрывались легко удаляемыми или гладкими красками или материалами, облегчающими дезактивацию потенциально подверженных радиоактивному загрязнению поверхностей.

4.198. Следует обеспечивать, чтобы системы подвесного типа для перемещения тяжелых грузов, предусматриваемые в предварительном плане вывода из эксплуатации, имели проектный срок службы и конкретные проектные решения, соответствующие предполагаемым работам по выводу из эксплуатации.

## СИСТЕМЫ ОБРАБОТКИ И КОНТРОЛЯ РАДИОАКТИВНЫХ ОТХОДОВ И РАДИОАКТИВНЫХ СБРОСОВ

4.199. В пунктах 4.200–4.232 приведены рекомендации по выполнению требований 78 и 79, изложенных в SSR-2/1 (Rev. 1) [1].

### Общие вопросы

4.200. При проектировании атомной электростанции необходимо предусматривать решения, облегчающие безопасное проведение технологических операций по обращению с радиоактивными отходами (манипулирование), работ по организации хранения, обработке, перемещению и транспортировке радиоактивных отходов, а также контроль за сбросами; см. требование 78 в SSR-2/1 (Rev. 1) [1]. При проектировании также следует предусматривать решения по хранению отходов, находящихся в процессе транспортировки, и их удаления.

4.201. В проекте необходимо предусматривать решения по безопасному обращению (обработке) с жидкими и газообразными радиоактивными стоками (эффлюентами) и контроля за этими стоками, сброс которых осуществляется на установке: см. требование 79 в SSR-2/1 (Rev. 1) [1].

4.202. При проектировании следует предусматривать меры по минимизации образования радиоактивных отходов на всех стадиях эксплуатации на протяжении всего жизненного цикла атомной электростанции, включая вывод из эксплуатации (см. также требование 12 в SSR-2/1 (Rev. 1) [1]).

4.203. Обращение с радиоактивными отходами и радиоактивными стоками и контроль за ними включает сбор, обработку и удаление или сброс радиоактивных отходов, образующихся в результате спуска, слива, продувки, вентилирования или утечки в системах в процессе нормальной эксплуатации, а также других радиоактивных отходов, образующихся при эксплуатации.

4.204. Проектные меры по облегчению работ по обращению с радиоактивными отходами (см. требование 12 в SSR-2/1 (Rev. 1) [1]) включают:

a) решения по подбору материалов, которые необходимо предусматривать для элементов, контактирующих с радиоактивными веществами, в особенности материалов, контактирующих с теплоносителем реактора, с целью сведения к минимуму количества радиоактивных отходов, насколько практически возможно, и облегчения дезактивация: см. пункт 4.20 a) в SSR-2/1 (Rev. 1) [1];
b) разработку химического состава теплоносителя реактора и проектирование других систем с целью минимизации образования продуктов коррозии (например, посредством контроля концентрации водорода, возможного введения цинка и регулирования pH);
c) минимизацию отложения продуктов коррозии, которые активируются или могут быть активированы при прохождении через активную зону реактора. В частности, следует минимизировать отложение таких продуктов коррозии на тепловыделяющих сборках и на конструкциях вокруг активной зоны реактора;
d) четкое разграничение зон обычных отходов (т.е. зон, в которых отходы не имеют радиоактивного загрязнения) и зон ядерных отходов (т.е. зон, в которых отходы подвержены радиоактивному загрязнению). Следует предусматривать меры по минимизации зон ядерных отходов;
e) соответствующие решения, предусматриваемые на стадии проектирования с целью облегчения будущих работ по демонтажу. В их число следует включать решения, предусматривающие установку

крупногабаритных деталей так, чтобы их можно было демонтировать и транспортировать для последующего обращения с ними, оснащение устройствами для перемещения, необходимыми для выполнения операций по демонтажу, радиационную защиту для обеспечения безопасного демонтажа, а также обеспечение дезактивации на месте.

4.205. При проектировании следует предусматривать следующие решения для ограничения доз излучения, получаемых от радиоактивных отходов, образующихся в процессе эксплуатации атомной электростанции (см. требования 5 и 18 в SSR-2/1 (Rev. 1) [1]):

a) меры по снижению количества и концентрации радиоактивных отходов, образующихся на атомной электростанции и перемещаемых в пределах ее территории, или сбрасываемых в окружающую среду;
b) меры по отсечению (изоляции) радиоактивных отходов от работников и населения. Необходимо также предусматривать зонирование атомной электростанции с учетом возможности радиоактивного загрязнения и радиационного воздействия: см. пункт 6.73 в SSR-2/1 (Rev. 1) [1];
c) меры по обнаружению, сбору и обработке жидких проливов до их сброса в качестве сточных вод;
d) средства для дезактивации персонала и оборудования: см. пункт 6.76 в SSR-2/1 (Rev. 1) [1]. Следует также предусматривать средства для выполнения технологических операций по обращению (манипулированию) с радиоактивными отходами, образующимися при проведении дезактивации.

4.206. Следует предусматривать, чтобы системы обработки и контроля радиоактивных отходов и радиоактивных стоков имели защиту, соответствующую характеру и степени риска, от внутренних и внешних опасностей, в частности, от экстремальных погодных условий и затопления. Например, в реакторе с водой под давлением (PWR) контуры, транспортирующие концентрированную борную кислоту, следует размещать в отапливаемых помещениях или обеспечивать сопроводительным подогревом для предотвращения кристаллизации бора.

4.207. При проектировании систем обработки и контроля радиоактивных отходов и радиоактивных стоков следует предусматривать решения, позволяющие осуществлять периодическое проведение надлежащего инспекционного контроля и испытаний элементов, важных для безопасности, с обеспечением соответствующего защитного экранирования для целей радиационной защиты, а также с применением соответствующих систем локализации и фильтрации.

4.208. При проектировании конструкций, систем и элементов, обеспечивающих локализацию радиоактивных отходов и радиоактивных стоков, следует предусматривать, чтобы они были способны выдерживать проектные землетрясения уровня SL-2.

**Система обработки газообразных сбросов**

*Функция системы или оборудования*

4.209. При проектировании системы обработки газообразных радиоактивных сбросов следует предусматривать:

a) обработку и мониторинг газообразных сбросов с целью достижения минимального времени удержания для обеспечения радиоактивного распада перед их отводом в общую точку выброса;
b) измерение объема и радиоактивности сбросов (эффлюентов);
c) средства отсечения (изоляции) пути выброса в случае возможного превышения предельных значений выброса.

4.210. Выполнение положений пункта 4.209 может быть достигнуто путем сбора газообразных сбросов в буферную емкость и последующей их подачи под давлением к устройствам выдержки для распада, либо путем пропускания через линию задержки (например, с задерживающим слоем из древесного угля), а затем через систему вентиляции вспомогательного корпуса перед выпуском в точке сброса (например, в вентиляционную трубу).

4.211. На стадии проектирования следует предусматривать такие решения, как вентиляционные трубы для сброса газообразных низкоактивных радиоактивных отходов, а также средства отбора проб и мониторинга этих сбросов.

*Специальные проектные основы*

4.212. При проектировании системы хранения газообразных сбросов следует предусматривать, чтобы количество и емкость резервуаров для хранения газообразных сбросов были достаточными для обеспечения распада короткоживущих газов до уровней, не превышающих разрешенных пределов для сбросов в окружающую среду.

4.213. При проектировании системы хранения газообразных сбросов следует предусматривать, чтобы разрыв любого из резервуаров с газообразными сбросами не приводил к радиологическим последствиям (или приводил к незначительным радиологическим последствиям) на площадке или за ее пределами, и не требовал осуществления каких-либо защитных мероприятий за пределами площадки.

4.214. При проектировании следует предусматривать:

a) предотвращение риска взрыва, например, в помещениях для хранения емкостей с гидрогенизированными газообразными стоками. Например, воспламенение водорода в системе возврата продувочного газа может быть предотвращено путем поддержания постоянного потока продувочного азота через соединенные элементы и путем рекомбинации водорода;
b) защиту системы очистки газообразных стоков от разрыва труб. Это может быть достигнуто при выполнении соответствующих рекомендаций, изложенных в NS-G-1.11 [8].

4.215. При проектировании системы обработки газообразных сбросов следует предусматривать решения для ограничения выбросов радиоактивных газов. Для этого следует использовать оборудование и конструкции высокой надежности, а также средства обнаружения радиоактивности и обеспечения локализации.

4.216. Применительно к оборудованию для очистки газообразных радиоактивных сбросов пункт 6.63 в SSR-2/1 (Rev. 1) [1] гласит:

> «Системы фильтрации должны быть спроектированы с таким расчетом, чтобы их эффективность можно было проверить, их производительность и функционирование можно было отслеживать на регулярной основе в течение их срока службы, а замену фильтрующего элемента можно было производить без снижения пропускной способности по воздуху».

4.217. Трубопроводы системы обработки газообразных стоков, проходящие через защитную оболочку (контейнмент), должны быть оснащены средствами автоматического отсечения (изоляции): см. требование 56 в SSR-2/1 (Rev. 1) [1]. Следует обеспечивать, чтобы эти средства отсечения (изоляции) защитной оболочки (контейнмента) были классифицированы по безопасности (с учетом выполняемой ими функции безопасности, отнесенной к категории безопасности 1) и отвечали соответствующим проектным требованиям (например, в отношении резервирования, аварийного электроснабжения, защиты от внутренних и внешних опасностей, периодического проведения инспекционного контроля и испытаний, технического обслуживания и обеспечения качества).

**Система обработки жидких стоков**

*Функция системы или оборудования*

4.218. В состав системы обработки жидких стоков входят системы обработки теплоносителя реактора и рециклирования бора, система обработки жидких радиоактивных отходов, а также система мониторинга и сброса жидких радиоактивных отходов.

Системы обработки теплоносителя реактора и рециклирования бора

4.219. При проектировании систем обработки теплоносителя реактора и рециркуляции бора следует предусматривать:

a) обработку сбросов теплоносителя реактора с помощью систем, выполняющих функцию отбора (например, системы контроля водно-химического режима и объема в случае реакторов PWR с водой под давлением или системы очистки реакторной воды в кипящих реакторах BWR);
b) такие операции, как дегазация для удаления инертных газов и водорода, очистка, разделение бора и воды для обеспечения рециклирования борной кислоты и подача подпиточной воды;
c) мониторинг образующихся продуктов и последующая их маршрутизация в соответствующих случаях в систему борного регулирования и подачи подпиточной воды в реакторе при рециклировании или в систему очистки жидких отходов, системы сброса жидких отходов или системы обработки твердых отходов.

Системы обработки жидких радиоактивных отходов

4.220. Система обработки жидких радиоактивных отходов может быть общей для нескольких энергоблоков электростанции. При проектировании системы следует предусматривать, чтобы она обеспечивала хранение, должную обработку и мониторинг различных видов потенциально пригодных и не пригодных для повторного использования (рецкилирования) отработанных жидких стоков, собираемых системой отвода дренажных вод оборудования и трапных вод (см. пункты 4.269–4.285), перед отводом в систему сброса.

4.221. При проектировании системы обработки жидких радиоактивных отходов следует предусматривать:

a) избирательное хранение на начальной стадии всех потенциально подверженных радиоактивному загрязнению жидких стоков с учетом химического состава и уровня радиоактивности различных потоков отходов;
b) проведение анализа содержимого каждого резервуара и последующую соответствующую очистку с тем, чтобы очищенные отходы были приемлемого качества для повторного использования на станции или отвечали условиям сброса в окружающую среду;
c) соответствующий отвод для мониторинга в хранилище-накопитель системы сброса;
d) подачу образующихся твердых отходов (например, концентрата, отработанных ионообменных смол, отработанных фильтров) в систему обработки твердых отходов.

Система мониторинга и сброса жидких радиоактивных отходов

4.222. Система мониторинга и сброса жидких радиоактивных отходов осуществляет сбор жидких радиоактивных стоков, поступающих от каждого энергоблока и с других объектов на площадке, мониторинг и регистрацию уровней радиоактивности, химического и физического состава, а также контролируемый сброс стоков в окружающую среду. Следует обеспечивать, чтобы интенсивность сброса в окружающую среду определялась с учетом уровня радиоактивности стоков и разбавляющей способностью окружающей среды и обеспечивала соблюдение разрешенных пределов для сбросов.

4.223. На стадии проектирования для системы мониторинга и сброса жидких радиоактивных отходов следует предусматривать:

a) измерение объемов сбрасываемых жидких стоков;
b) определение или корректировку интенсивности сбросов для обеспечения соблюдения разрешенных пределов для сбросов;
c) автоматическое отсечение (изоляцию) линии сброса при вероятности превышения разрешенных пределов для сбросов.

4.224. При проектировании системы обработки жидких стоков следует предусматривать, чтобы она обеспечивала мониторинг, контроль, сбор, обработку, выполнение технологических операций по обращению (манипулированию), хранение и захоронения жидких радиоактивных отходов, а также удерживание жидких сбросов в окружающую среду в рамках разумно достижимых низких значений без превышения разрешенных пределов для сбросов.

4.225. Систему обработки жидких стоков не следует устанавливать в месте размещения систем, содержащих нерадиоактивные жидкости, во избежание увеличения объема сбросов, подлежащих обработке, в случае утечек нерадиоактивных жидкостей. Также при проектировании следует предусматривать решения, позволяющие не допускать появления таких утечек или осуществлять их сбор отдельно от радиоактивных стоков.

4.226. Все резервуары, содержащие радиоактивные жидкие стоки, следует оснащать средствами контроля уровня с выдачей тревожного сигнала о высоком уровне на местах расположения и в помещении щита (пункта) управления, чтобы иметь возможность предпринять действия, направленные на предотвращение переполнения резервуара.

4.227. Во избежание загрязнения подземных вод контуры и оборудование, содержащие радиоактивные жидкости, следует размещать в помещениях, имеющих достаточный объем для того, чтобы удерживать и сохранять протекшие жидкости, или оснащать другими средствами, предназначенными для удерживания таких жидкостей.

4.228. При проектировании системы обработки жидких стоков следует обеспечивать, чтобы разрыв любого из резервуаров с жидкими стоками не приводил к радиологическим последствиям (или приводил к незначительным радиологическим последствиям) на площадке или за ее пределами, и не требовал осуществления каких-либо защитных мероприятий за пределами площадки.

## Система обработки твердых отходов

*Функция системы или оборудования*

4.229. При проектировании системы обработки твердых отходов следует предусматривать:

a) сбор, хранение и обработку твердых отходов (например, отработанных смол, фильтров), включая сортировку, уменьшение объема (например, измельчение, компактирование, сжигание), иммобилизацию компактированных отходов или зольных остатков в упаковках, упаковку низкоактивных отходов, инкапсуляцию и упаковку твердых отходов (например, в цилиндрических контейнерах или бочках);
b) временное или длительное хранение упакованных твердых отходов на площадке перед отправкой в имеющие надлежащее разрешение пункты захоронения радиоактивных отходов. Следует нормировать минимальную вместимость хранилища, находящегося на площадке;
c) мониторинг и удаление поверхностного радиоактивного загрязнения с внешних поверхностей упаковок с отходами;
d) проведение измерений для определения наличного количества упаковок с отходами (например, по величине радиоактивности и массе);
e) маркировку упаковок;
f) регистрацию параметров.

*Специальные проектные основы*

4.230. При проектировании системы обработки твердых отходов следует предусматривать соответствующие средства для обращения с твердыми отходами, образующимися в процессе нормальной эксплуатации, и для контроля за выбросами радиоактивных жидких стоков, возникающих при обработке твердых отходов.

4.231. При проектировании системы обработки твердых отходов следует предусматривать, чтобы она была способна детектировать условия, могущие привести к чрезмерно высоким уровням излучения, и обеспечивала надлежащую защиту и безопасность в случае ожидаемых при эксплуатации событий и в аварийных условиях.

4.232. Дополнительные рекомендации приведены в NS-G-1.13 [5]; кроме того, для исследовательских реакторов могут быть адаптированы рекомендации, приведенные в публикации Серии норм безопасности

МАГАТЭ, № NS-G-4.6, «Radiation Protection and Radioactive Waste Management in the Design and Operation of Research Reactors» («Радиационная защита и обращение с радиоактивными отходами при проектировании и эксплуатации исследовательских реакторов») [20].

## ОБСЛУЖИВАЮЩИЕ СИСТЕМЫ ИСТОЧНИКА АВАРИЙНОГО ЭЛЕКТРОСНАБЖЕНИЯ И ЗАПАСНОГО ИСТОЧНИКА ЭЛЕКТРОСНАБЖЕНИЯ

4.233. В пунктах 4.234–4.267 приведены рекомендации по выполнению требования 68 (в частности, пункта 6.45), изложенного в SSR-2/1 (Rev. 1) [1].

### Обслуживающие системы источника аварийного электроснабжения

4.234. Требование 68 в SSR-2/1 (Rev. 1) [1] гласит:

> **«В проект АЭС включена система аварийного электроснабжения, способная обеспечить необходимое электроснабжение при наступлении ожидаемых при эксплуатации событий и в условиях проектной аварии в случае потери внешнего электроснабжения».**

4.235. Пункт 6.45 в SSR-2/1 (Rev. 1) [1] гласит [сноска опущена]:

> «Проектная основа любого дизеля или иного первичного двигателя, который обеспечивает аварийное электроснабжение важных для безопасности элементов, включает:
>
> a) способность сопутствующих систем хранения и подачи нефтяного топлива удовлетворять потребности в течение установленного периода времени;
> b) способность первичного двигателя успешно запускаться и функционировать при всех установленных условиях и в требуемое сроки;
> c) вспомогательные системы первичного двигателя, такие как системы охлаждения».

*Общие вопросы, касающиеся обслуживающих систем источника аварийного электроснабжения*

4.236. Для каждого источника аварийного электроснабжения следует предусматривать собственные полностью независимые обслуживающие системы. К этим системам относятся:

a) системы для хранения и перекачки (дизельного) топлива;
b) система смазочного масла;
c) система водяного охлаждения, которая, как правило, интегрируется с источником аварийного электроснабжения, но может быть также внешней системой, предусматриваемой для источника электроснабжения;
d) пневматическая пусковая система или пусковая система с электродвигателем постоянного тока;
e) системы для забора воздуха для горения и выхлопа.

Функция системы или оборудования

4.237. Каждый источник аварийного электроснабжения следует оснащать специализированными системами, необходимыми для его функционирования. К этим системам относятся системы для хранения и перекачки нефтяного топлива, системы смазочного масла, системы охлаждающей воды, системы для забора воздуха для горения и системы выхлопа пусковых газов двигателя, а также электрические системы. Кроме того, для источника аварийного электроснабжения следует обеспечивать защиту от возгорания.

Специальные проектные основы

4.238. Основные вспомогательные системы и обслуживающие системы, необходимые для функционирования источника аварийного электроснабжения, следует считать системами, обеспечивающими выполнение функции безопасности, отнесенной к категории безопасности 1. Следует обеспечивать, чтобы эти вспомогательные системы и обслуживающие системы были классифицированы по безопасности с той же категорией, что и источник аварийного электроснабжения, и отвечали соответствующим проектным требованиям, а именно следует предусматривать, чтобы:

a) в целях соблюдения критерия единичного отказа при проектировании системы применялась концепция резервирования;

b) системы обеспечивались электропитанием от источника аварийного электроснабжения;
c) системы были защищены от внутренних и внешних опасностей. В частности, резервные каналы следует должным образом разделять, а также следует обеспечивать, чтобы основные вспомогательные и обслуживающие системы сохраняли свою работоспособность после воздействия проектного землетрясения уровня SL-2 и были защищены от ураганов и затопления;
d) применительно к системам периодически проводились инспекционный контроль и испытания;
e) проектирование и изготовление, монтаж, а также испытания элементов систем осуществлялись в соответствии с применяемыми стандартами качества;
f) проектирование и изготовление элементов выполнялось в соответствии с применяемыми при проектировании нормами и правилами.

4.239. Вспомогательные и обслуживающие системы, необходимые для функционирования источника аварийного электроснабжения, следует размещать в зданиях, относящихся к категории сейсмостойкости 1 (см. пункт 2.14 в NS-G-1.6 [10]).

*Системы запаса и подачи нефтяного топлива*

4.240. Как правило, каждый аварийный дизель-генератор оснащается баком хранения кратковременного запаса нефтяного (дизельного) топлива (его называют также «расходным баком»), который пополняется из основной емкости для хранения нефтяного топлива. В отличие от этого, каждая турбина внутреннего сгорания получает топливо непосредственно из системы запаса нефтяного топлива через насосы подачи или насосы перекачки топлива. Следует обеспечивать, чтобы бак краткосрочного запаса нефтяного топлива каждого аварийного дизель-генератора имел емкость, достаточную для обеспечения его работы на полной мощности в течение периода времени, соответствующего времени, которое необходимо для действий оператора по восстановлению уровня топлива.

4.241. Следует предусматривать, чтобы бак основного запаса нефтяного топлива автономно обеспечивал подачу нефтяного топлива для функционирования источника аварийного электроснабжения при полной нагрузке в течение необходимого периода времени в случае проектных аварий. Кроме того, при проектировании следует обеспечивать, чтобы предусматривалась возможность пополнения основного резервуара для хранения с целью обеспечения длительной работы.

Функция системы или оборудования

4.242. Каждый источник аварийного электроснабжения следует оснащать независимой и надежной системой запаса и подачи нефтяного топлива, обеспечивающей подачу нефтяного топлива, необходимого для его функционирования в случае ожидаемых при эксплуатации событий и проектных аварий с потерей внешнего (внеплощадочного) электроснабжения.

4.243. Для каждого бака запаса топлива следует предусматривать возможность его пополнения при возникновении проектных аварий для обеспечения длительной работы источника аварийного электроснабжения. Следует также предусматривать наличие достаточных и приемлемых источников нефтяного топлива за пределами площадки, а также средств транспортировки и пополнения баков запаса нефтяного топлива.

4.244. Следует обеспечивать, чтобы объем нефтяного топлива, хранящейся на площадке, был достаточным для обеспечения функционирования всех источников аварийного электроснабжения атомной электростанции в случае потери внешнего (внеплощадочного) электроснабжения в результате землетрясения (когда в течение длительного времени внешнее электроснабжение не может быть восстановлено). Объем запаса нефтяного топлива следует определять с учетом периода времени, необходимого для восстановления внешнего (внеплощадочного) электроснабжения, или периода времени, необходимого для пополнения запасов нефтяного топлива.

Специальные проектные основы

4.245. Следует периодически проводить проверки качества нефтяного топлива, обеспечивая его соответствие минимальным эксплуатационным требованиям.

4.246. Для системы запаса и подачи нефтяного топлива следует обеспечивать защиту от опасностей, характерных для данной площадки, таких как землетрясения и экстремальные погодные условия.

4.247. Каждую емкость для хранения нефтяного топлива следует оснащать линией для заполнения и вентилирования, расположенной снаружи. Эти элементы следует обеспечивать защитой, сводящей к минимуму возможность их повреждения транспортными средствами или в результате воздействия внешних опасностей. Кроме того, следует обеспечивать, чтобы местонахождение патрубка для заполнения и вентилирования было выше вероятного максимального уровня наводнения.

4.248. Следует принимать меры для сведения к минимуму возможности возникновения пожаров и взрывов в системе запаса и подачи нефтяного топлива. В частности, при проектировании следует обеспечивать:

a) возможность обнаружения и контроля утечки нефтяного топлива из системы, в том числе возможность отсечения (изоляции) участков системы в случае чрезмерно больших течей;
b) наличие дамб вокруг емкостей, в которых содержится нефтяное топливо, на случай нарушения целостности емкости;
c) размещение емкостей с нефтяным топливом на достаточном расстоянии от помещения главного щита управления, исключающем возникновение опасности для персонала или оборудования щита управления в результате взрыва или возгорания емкости с нефтяным топливом.

4.249. При проектировании аварийных дизель-генераторов следует предусматривать наличие линии перелива на баке краткосрочного запаса нефтяного топлива с целью возврата излишков топлива, подаваемого перекачивающим насосом, обратно в бак запаса нефтяного топлива.

4.250. Бак краткосрочного запаса нефтяного топлива аварийного дизель-генератора следует размещать на высоте, обеспечивающей достаточное положительное давление в топливном насосе (насосах) с приводом от двигателя. Если необходим бустерный насос, то следует предусматривать, чтобы он запитывался от надежного источника электроснабжения, включался сразу после получения двигателем сигнала запуска и работал до тех пор, пока давление нефтяного топлива в системе не установится с помощью топливного насоса с приводом от двигателя.

4.251. В случае применения двустенного резервуара (например, подземного бака) кольцевое пространство между двумя стенками следует оснащать системой обнаружения течей.

*Система водяного охлаждения*

4.252. Для каждого источника аварийного электроснабжения следует предусматривать систему охлаждения. В общем случае охлаждение осуществляется по замкнутому контуру, предусмотренному в конструкции источника аварийного электроснабжения. В состав каждой системы охлаждения входят подогреватель водяной рубашки и насос для поддержания двигателя в теплом состоянии, трехходовой терморегулирующий клапан и охладитель смазочного масла.

Функция системы или оборудования

4.253. Каждый источник аварийного электроснабжения следует оснащать системой водяного охлаждения, передающей тепло конечному поглотителю тепла для поддержания температуры источника аварийного электроснабжения в пределах, установленных производителем.

4.254. Систему водяного охлаждения следует оснащать подогревателями и циркуляционными насосами; они поддерживают двигатель в теплом состоянии в режиме ожидания, обеспечивая пуск источника аварийного электроснабжения без механических повреждений.

Специальные проектные основы

4.255. При проектировании следует предусматривать решения, направленные на предотвращение длительной коррозии и органического обрастания, которые могут ухудшить эксплуатационные характеристики системы охлаждения. Следует принять меры для обеспечения совместимости любых ингибиторов коррозии или антифризов с материалами элементов конструкции.

4.256. Следует обеспечивать, чтобы при поступлении сигнала пуска источника аварийного электроснабжения система водяного охлаждения автоматически включала требующееся охлаждение (с переходом из режима ожидания в требуемый режим охлаждения).

*Система смазки*

4.257. Система смазки источника аварийного электроснабжения состоит из масляного картера на раме, масляного охладителя, сетчатого фильтра грубой очистки и фильтра тонкой очистки.

Функция системы или оборудования

4.258. Для каждого источника аварийного электроснабжения следует предусматривать систему смазки, содержащую в своем составе:

a) систему фильтрации масла для поддержания требуемого качества масла в процессе работы двигателя;
b) систему охлаждения масла для поддержания температуры масла в пределах, установленных производителем;
c) систему, которая поддерживает каналы смазочного масла в прогретом и заполненном состоянии, когда источник аварийного электроснабжения находится в режиме ожидания.

Специальные проектные основы

4.259. В системе смазки следует предусматривать решения (например, разгрузочные отверстия), предотвращающие взрывы и смягчающие последствия таких событий (см. NS-G-1.7 [4]).

4.260. Следует обеспечивать, чтобы объем масла в системе смазки был достаточным для обеспечения работы источника аварийного энергоснабжения в случае потери внешнего (внеплощадочного) электроснабжения в результате землетрясения. Кроме того, следует обеспечивать, чтобы объем запаса смазочного масла на площадке был достаточным для обеспечения длительной работы системы до восстановления доставки смазочного масла на площадку.

## Обслуживающие системы запасного источника энергоснабжения

*Функция системы или оборудования*

4.261. Для каждого запасного источника энергоснабжения следует предусматривать специальные вспомогательными системы и обслуживающие системы, необходимыми для работы источника электроснабжения в случае потери внешнего (внеплощадочного) электроснабжения и аварийного электроснабжения. К таким вспомогательным и обслуживающим системам относятся системы для хранения и перекачки нефтяного топлива, системы смазочного масла, системы охлаждающей воды, системы для забора воздуха для горения и системы выхлопа пусковых газов двигателя, а также системы электроснабжения. В частности, при проектировании пневматической пусковой системы следует предусматривать возможность осуществления нескольких пусков без дозаправки баллонов для сжатого воздуха.

4.262. Следует обеспечивать сведение к минимуму количества отказов по общей причине применительно к вспомогательным и обслуживающим системам источника аварийного электроснабжения и вспомогательным системам и обслуживающим системам запасного источника энергоснабжения.

4.263. При проектировании следует обеспечивать, чтобы основные вспомогательные системы запасного источника энергоснабжения были защищены от повреждений, вызванных воздействием внешних опасностей (включая экстремальные погодные условия) и внутренних опасностей.

4.264. При проектировании вспомогательных систем и обслуживающих систем запасного источника энергоснабжения следует обеспечивать, чтобы эти системы были способны функционировать в течение времени, необходимого для восстановления внешнего (внеплощадочного) электроснабжения или, если это не возможно, подключения аварийного электроснабжения. Количество хранимого нефтяного топлива следует определять с учетом периода времени, необходимого для восстановления внешнего (внеплощадочного) электроснабжения, или периода времени, необходимого для пополнения запасов нефтяного топлива.

4.265. Следует обеспечивать, чтобы основные вспомогательные системы и обслуживающие системы запасного источника энергоснабжения были рассчитаны по сейсмостойкости на воздействие проектных землетрясений уровня SL-2.

4.266. В ходе периодического тестирования запасного источника энергоснабжения следует проверять работоспособность вспомогательных и обслуживающих систем, а также качество нефтяного топлива.

4.267. Более детальные рекомендации изложены в SSG-34 [19].

## ДРУГИЕ СИСТЕМЫ

4.268. В пунктах 4.269–4.289 приведены рекомендации по проектированию вспомогательных систем и обслуживающих систем, которые прямо не упоминаются в SSR-2/1 (Rev. 1) [1], но для которых, как правило, считаются применимыми учитываемые при проектировании вопросы, аналогичные вопросам, которые применяются в отношении систем, являющихся предметом настоящего Руководства по безопасности.

**Система отвода дренажных вод оборудования и трапных вод**

4.269. В SSR-2/1 (Rev. 1) [1] отсутствуют специальные требования, предназначенные для системы отвода дренажных вод оборудования и трапных вод; вместе с тем к этой системе применимо требование 79, изложенное в SSR-2/1 (Rev. 1) [1], которое требует наличия соответствующих средств, обеспечивающих удерживание жидких радиоактивных сбросов в окружающую среду на разумно достижимом низком уровне.

*Функция системы или оборудования*

4.270. Следует предусматривать, чтобы система отвода дренажных вод оборудования и трапных вод обеспечивала избирательный сбор жидких и газообразных стоков, образующиеся в системе теплоносителя реактора, вспомогательных и обслуживающих системах, перегрузочной камере и бассейне выдержки отработавшего топлива, а также потенциально подверженных радиоактивному загрязнению жидкостей, образующихся на станции (например, трапных вод, стоков от работы прачечной и проведения дезактивации), и направляла их в соответствующем случае в системы хранения и обработки отходов. Применительно к реакторам с тяжелой водой под давлением (PHWR) в случае любой утечки из системы, содержащей тяжелую воду, следует предусматривать ее сбор и обратную закачку в систему.

4.271. Следует предусматривать, чтобы в процессе нормальной эксплуатации система отвода дренажных вод оборудования и трапных вод содействовала:

a) мониторингу герметичности системы теплоносителя реактора и измерению утечек внутри защитной оболочки (контейнмента);
b) ограничению радиоактивных сбросов в окружающую среду за счет рекуперации стоков и оптимизации баланса между очисткой и сбросом стоков.

4.272. Следует обеспечивать, чтобы при возникновении аварийных условий система отвода дренажных вод оборудования и трапных вод была способна закачивать сильно загрязненные жидкости из вспомогательных зданий или вторичной защитной оболочки обратно в первичную защитную оболочку, если уровень радиоактивности в сбросах слишком высок для обработки в краткосрочной перспективе (т.е. когда перед очисткой требуется хранение) или если объем текучих сред превышает возможности обработки отходов.

4.273. Следует предусматривать, чтобы система отвода дренажных вод оборудования и трапных вод способствовала уменьшению удержания активности в зданиях ядерной части станции и ограничению сбросов в окружающую среду за счет мониторинга уровней радиоактивности в процессе нормальной эксплуатации. Система отвода дренажных вод оборудования и трапных вод может непосредственно участвовать в выполнении функций безопасности, которые заключаются в защите от последствий внутреннего затопления и взрыва (например, в предотвращении взрыва водорода от гидрогенизированных сбросов).

*Специальные проектные основы*

4.274. При проектировании системы отвода дренажных вод оборудования и трапных вод следует предусматривать, чтобы она выполняла функции:

a) сбора жидких стоков и их отвода в различные системы в соответствующем случаях в зависимости от возможности рециклирования этих сбросов или в зависимости от их радиологических характеристик;
b) сбора гидрогенизированных или аэрированных жидких стоков из системы первого контура для регенерации и повторного использования (рециклирования) бора (например, в системе хранения и обработки теплоносителя);
c) сбора жидких стоков, не пригодных для повторного использования (рециклирования), отвода их при необходимости для обработки и последующего мониторинга и сброса стоков в окружающую среду;
d) продувки системы первого контура, например, перед ее открытием для разгрузки активной зоны и вентилирования.

4.275. Следует предусматривать, чтобы система отвода дренажных вод оборудования и трапных вод обладала достаточными возможностями для сбора, обработки и удаления радиоактивных и нерадиоактивных жидких стоков во всех состояниях станции. Следует предусматривать, чтобы сбор радиоактивных и нерадиоактивных жидкостей осуществлялся раздельно.

4.276. Следует обеспечивать, чтобы элементы системы отвода дренажных вод оборудования и трапных вод были классифицированы с учетом их функций и роли в качестве барьеров и отвечали соответствующим проектным требованиям (например, в отношении резервирования, аварийного электроснабжения, защиты от внутренних и внешних опасностей, периодического проведения инспекционного контроля и испытаний, технического обслуживания и обеспечения качества). Как правило, по безопасности классифицируется:

a) оборудование, используемое для мониторинга течей в системе теплоносителя реактора, если оно является единственным средством, применяемым для этой цели;
b) оборудование для мониторинга, данные с которого учитываются при анализе наводнений (см. NS-G-1.11 [8]);
c) оборудование, необходимое для отсечения (изоляции) защитной оболочки.

4.277. Линии системы отвода дренажных вод оборудования и трапных вод, проходящие через защитную оболочку (контейнмент), необходимо оснащать соответствующими автоматическими средствами отсечения (изоляции) защитной оболочки, удовлетворяющими критерию единичного отказа: см. требование 56 в SSR-2/1 (Rev. 1) [1]. Следует обеспечивать, чтобы этот участок системы отвода дренажных вод оборудования и трапных вод был классифицирован по безопасности (с учетом выполняемой им функции безопасности, отнесенной к категории безопасности 1) и отвечал соответствующим проектным требованиям (например, в отношении резервирования, аварийного электроснабжения, защиты от внутренних и внешних опасностей, периодического проведения инспекционного контроля и испытаний, технического обслуживания и обеспечения качества).

4.278. Элементы системы отвода дренажных вод оборудования и трапных вод, являющиеся носителями радиоактивных вещества и при отказе способные привести к радиологическим последствиям за пределами площадки, следует считать узлами, важными для безопасности, и соответственно классифицировать по безопасности. Для участков системы, которые отнесены к узлам, важным для безопасности, следует предусматривать возможность отсечения (изоляции) от частей системы, которые не являются важными для безопасности.

4.279. Следует предусматривать, чтобы дренажная способность системы отвода дренажных вод оборудования и трапных вод была достаточной для обеспечения выполнения функций безопасности в случае затопления в результате разрывов труб, утечки из резервуара или бака и других потенциальных событий (например, землетрясения, приводящего к утечке из резервуара в несейсмостойком исполнении).

4.280. Для приямков в системе отвода дренажных вод оборудования и трапных вод следует предусматривать крышки, предотвращающие попадание радиоактивно загрязненных стоков в атмосферу и не допускающие радиоактивного загрязнения других стоков, подлежащих повторному использованию (рециклированию). При проектировании крышек приямков следует предусматривать, чтобы они исключали задержку загрязненных стоков на полу здания в процессе нормальной эксплуатации.

4.281. При проектировании погружных насосов, применяемых в приямках системы отвода дренажных вод оборудования и трапных вод, следует предусматривать, чтобы они требовали проведения минимального технического обслуживания. Следует предусматривать защиту от падения различных предметов, которые могут повредить или заблокировать насосы.

4.282. Погружные насосы, которые применяются в приямках системы отвода дренажных вод оборудования и трапных вод, следует оснащать сетчатыми фильтрами для защиты от частиц и осколков, которые могут находиться в приямках.

4.283. Для расположенных внутри зданий приямков системы отвода дренажных вод оборудования и трапных вод следует предусматривать средства контроля уровня жидкости, которые в случае высокого уровня жидкости подают тревожный сигнал, предупреждающий оператора о риске затопления в здании. При необходимости все приямки и баки в системе следует оборудовать средствами измерения уровня.

4.284. При проектировании системы отвода дренажных вод оборудования и трапных вод в зонах возможного радиоактивного загрязнения следует предусматривать, чтобы она предотвращала распространение радиоактивного загрязнения в другие зоны.

4.285. Для сохранения работоспособности системы отвода дренажных вод оборудования и трапных вод в случае возникновения пожара в соседних пожарных отсеках следует обеспечивать, чтобы система отвода дренажных вод оборудования и трапных вод была, насколько практически возможно, независимой от аналогичного оборудования в других пожарных отсеках (см. NS-G-1.7 [4]).

**Резервуар запаса деминерализованной воды и связанная с ним система**

4.286. Запас деминерализованной воды необходим, например, для снабжения водой системы аварийной подачи питательной воды в конструкции реакторов с водой под давлением (PWR), особенно в случае потери конечного поглотителя тепла.

*Функция системы или оборудования*

4.287. Следует предусматривать, чтобы резервуар запаса деминерализованной воды был способен запитывать систему аварийной подачи питательной воды для обеспечения охлаждения парогенераторов в течение длительного времени в случае потери конечного поглотителя тепла или в случае воздействия внешних опасностей.

*Специальные проектные основы*

4.288. При проектировании резервуара запаса деминерализованной воды следует предусматривать, чтобы он обеспечивал снабжение водой системы аварийной подачи питательной воды в случае потери конечного теплоотвода или при возникновении внешних опасностей. Как минимум, следует учитывать сочетания внешних опасностей, включающие:

a) потерю внешнего (внеплощадочного) электроснабжения и потерю конечного поглотителя тепла в результате штормовых явлений;
b) потерю внешнего (внеплощадочного) электроснабжения и потерю конечного поглотителя тепла в результате землетрясения.

4.289. Резервуар запаса деминерализованной воды и связанную с ним систему следует считать выполняющими функцию безопасности, отнесенную к категории безопасности 3, и следует обеспечивать, чтобы они были соответственно классифицированы по безопасности. Если эта функция безопасности должна выполняться в случае землетрясения, следует предусматривать, чтобы резервуар запаса деминерализованной воды и связанная с ним система были устойчивыми к воздействию сейсмических нагрузок.

# СПРАВОЧНЫЕ МАТЕРИАЛЫ


[1] МЕЖДУНАРОДНОЕ АГЕНТСТВО ПО АТОМНОЙ ЭНЕРГИИ, Безопасность атомных электростанций: проектирование, Серия норм безопасности МАГАТЭ, № SSR-2/1 (Rev.1), МАГАТЭ, Вена (2016).

[2] МЕЖДУНАРОДНОЕ АГЕНТСТВО ПО АТОМНОЙ ЭНЕРГИИ, Глоссарий МАГАТЭ по вопросам безопасности: терминология, используемая в области ядерной безопасности и радиационной защиты (издание 2018 года), МАГАТЭ, Вена (2023)

[3] МЕЖДУНАРОДНОЕ АГЕНТСТВО ПО АТОМНОЙ ЭНЕРГИИ, Проектирование системы теплоносителя реактора и связанных с ней систем атомных электростанций, Серия норм безопасности МАГАТЭ, № SSG-56, МАГАТЭ, Вена (2023).

[4] МЕЖДУНАРОДНОЕ АГЕНТСТВО ПО АТОМНОЙ ЭНЕРГИИ, Защита от внутренних пожаров и взрывов при проектировании атомных электростанций, Серия норм безопасности МАГАТЭ, № NSG-1.7, МАГАТЭ, Вена (2008). (Готовится пересмотренный вариант этой публикации.)

[5] МЕЖДУНАРОДНОЕ АГЕНТСТВО ПО АТОМНОЙ ЭНЕРГИИ, Аспекты радиационной защиты при проектировании атомных электростанций, Серия норм безопасности МАГАТЭ, № NSG-1.13, МАГАТЭ, Вена (2008).

[6] МЕЖДУНАРОДНОЕ АГЕНТСТВО ПО АТОМНОЙ ЭНЕРГИИ, Цель и основные элементы государственного режима физической ядерной безопасности, Серия изданий МАГАТЭ по физической ядерной безопасности, № 20, МАГАТЭ, Вена (2014).

[7] МЕЖДУНАРОДНОЕ АГЕНТСТВО ПО АТОМНОЙ ЭНЕРГИИ, Рекомендации по физической ядерной безопасности, касающиеся физической защиты ядерных материалов и ядерных установок (INFCIRC/225/Revision 5), Серия изданий МАГАТЭ по физической ядерной безопасности, № 13, МАГАТЭ, Вена (2012).

[8] INTERNATIONAL ATOMIC ENERGY AGENCY, Protection against Internal Hazards other than Fires and Explosions in the Design of Nuclear Power Plants, IAEA Safety Standards Series No. NS-G-1.11, IAEA, Vienna (2004). (Готовится пересмотренный вариант этой публикации.)

[9] МЕЖДУНАРОДНОЕ АГЕНТСТВО ПО АТОМНОЙ ЭНЕРГИИ, Учет внешних событий, исключая землетрясения, при проектировании атомных электростанций, Серия норм безопасности МАГАТЭ, № NS-G-1.5, МАГАТЭ, Вена (2008). (Готовится пересмотренный вариант этой публикации.)

[10] МЕЖДУНАРОДНОЕ АГЕНТСТВО ПО АТОМНОЙ ЭНЕРГИИ, Проектирование и аттестация сейсмостойких конструкций для атомных электростанций, Серия норм безопасности МАГАТЭ, № NS-G-1.6, МАГАТЭ, Вена (2008). (Готовится пересмотренный вариант этой публикации.)

[11] МЕЖДУНАРОДНОЕ АГЕНТСТВО ПО АТОМНОЙ ЭНЕРГИИ, Детерминистический анализ безопасности атомных электростанций, Серия норм безопасности МАГАТЭ, № SSG-2, МАГАТЭ, Вена (2014). (Готовится пересмотренный вариант этой публикации.)

[12] МЕЖДУНАРОДНОЕ АГЕНТСТВО ПО АТОМНОЙ ЭНЕРГИИ, Классификация конструкций, систем и элементов атомных электростанций по безопасности, Серия норм безопасности МАГАТЭ, № SSG-30, МАГАТЭ, Вена (2023).

[13] МЕЖДУНАРОДНОЕ АГЕНТСТВО ПО АТОМНОЙ ЭНЕРГИИ, Управление старением и разработка программы долгосрочной эксплуатации атомных электростанций, Серия норм безопасности МАГАТЭ, № SSG-48, МАГАТЭ, Вена (2023).

[14] АГЕНТСТВО ПО ЯДЕРНОЙ ЭНЕРГИИ ОЭСР, ВСЕМИРНАЯ МЕТЕОРОЛОГИЧЕСКАЯ ОРГАНИЗАЦИЯ, ВСЕМИРНАЯ ОРГАНИЗАЦИЯ ЗДРАВООХРАНЕНИЯ, ИНТЕРПОЛ, МЕЖДУНАРОДНАЯ МОРСКАЯ ОРГАНИЗАЦИЯ, МЕЖДУНАРОДНАЯ ОРГАНИЗАЦИЯ ГРАЖДАНСКОЙ АВИАЦИИ, МЕЖДУНАРОДНАЯ ОРГАНИЗАЦИЯ ТРУДА, МЕЖДУНАРОДНОЕ АГЕНТСТВО ПО АТОМНОЙ ЭНЕРГИИ, ПАНАМЕРИКАНСКАЯ ОРГАНИЗАЦИЯ ЗДРАВООХРАНЕНИЯ, ПОДГОТОВИТЕЛЬНАЯ КОМИССИЯ ОРГАНИЗАЦИИ ПО ДОГОВОРУ О ВСЕОБЪЕМЛЮЩЕМ ЗАПРЕЩЕНИИ ЯДЕРНЫХ ИСПЫТАНИЙ, ПРОГРАММА ОРГАНИЗАЦИИ ОБЪЕДИНЕННЫХ НАЦИЙ ПО ОКРУЖАЮЩЕЙ СРЕДЕ, ПРОДОВОЛЬСТВЕННАЯ И СЕЛЬСКОХОЗЯЙСТВЕННАЯ ОРГАНИЗАЦИЯ ОБЪЕДИНЕННЫХ НАЦИЙ, УПРАВЛЕНИЕ ОРГАНИЗАЦИИ ОБЪЕДИНЕННЫХ НАЦИЙ ПО КООРДИНАЦИИ ГУМАНИТАРНЫХ ВОПРОСОВ, Готовность и реагирование в случае ядерной или радиологической аварийной ситуации, Серия норм безопасности МАГАТЭ, № GSR Part 7, МАГАТЭ, Вена (2016).

[15] МЕЖДУНАРОДНОЕ АГЕНТСТВО ПО АТОМНОЙ ЭНЕРГИИ, Проектирование систем контроля и управления для атомных электростанций, Серия норм безопасности МАГАТЭ, № SSG-39, МАГАТЭ, Вена (2018).

[16] МЕЖДУНАРОДНОЕ АГЕНТСТВО ПО АТОМНОЙ ЭНЕРГИИ, Проектирование систем для обращения с топливом и его хранения на атомных электростанциях, Серия норм безопасности МАГАТЭ, № NS-G-1.4, МАГАТЭ, Вена (2005). (Готовится пересмотренный вариант этой публикации.)

[17] INTERNATIONAL ATOMIC ENERGY AGENCY, Design of the Reactor Containment and Associated Systems for Nuclear Power Plants, IAEA Safety Standards Series No. SSG-53, IAEA, Vienna (2019).

[18] МЕЖДУНАРОДНОЕ АГЕНТСТВО ПО АТОМНОЙ ЭНЕРГИИ, Техническое обслуживание, надзор и инспекции при эксплуатации на атомных электростанциях, Серия норм безопасности МАГАТЭ, № NS-G-2.6, МАГАТЭ, Вена (2005). (Готовится пересмотренный вариант этой публикации.)

[19] INTERNATIONAL ATOMIC ENERGY AGENCY, Design of Electrical Power Systems for Nuclear Power Plants, IAEA Safety Standards Series No. SSG-34, IAEA, Vienna (2016).

[20] INTERNATIONAL ATOMIC ENERGY AGENCY, Radiation Protection and Radioactive Waste Management in the Design and Operation of Research Reactors, IAEA Safety Standards Series No. NS-G-4.6, IAEA, Vienna (2008).

# СОСТАВИТЕЛИ И РЕЦЕНЗЕНТЫ

| | |
|---|---|
| Amri, A. | Международное агентство по атомной энергии |
| Bertrand, R. | консультант, Франция |
| Dugay, I.. | «Электрисите де Франс», Франция |
| Krutzler, J. | Управление по атомной энергии Венгрии, Венгрия |
| Ramaswamy, K. | Комиссия по ядерной безопасности Канады, Канада |
| Shaw, P. | Международное агентство по атомной энергии |
| Villalibre, P. | Международное агентство по атомной энергии |
| Wheeler, L. | Комиссия по ядерному регулированию, Соединенные Штаты Америки |

IAEA
Международное агентство по атомной энергии

№ 27

# ЗАКАЗ ПУБЛИКАЦИЙ В СТРАНАХ

Платные публикации МАГАТЭ можно приобрести у нашего основного дистрибьютора или в крупных книжных магазинах. Заказы на бесплатные публикации следует направлять непосредственно в МАГАТЭ.

## Заказы на платные публикации

Просьба связаться с местным поставщиком по вашему выбору либо нашим основным дистрибьютором:

**Eurospan**
1 Bedford Row
London WC1R 4BU
United Kingdom

**Торговые заказы и справочная информация:**
Тел.: +44 (0)1235 465576
Эл. почта: trade.orders@marston.co.uk

**Индивидуальные заказы:**
Тел.: +44 (0)1235 465577
Эл. почта: direct.orders@marston.co.uk
www.eurospanbookstore.com/iaea

**Дополнительная информация:**
Тел.: +44 (0) 207 240 0856
Эл. почта: info@eurospan.co.uk
www.eurospan.co.uk

## Заказы на платные и бесплатные публикации можно направлять напрямую по адресу:

Издательская секция (Publishing Section)
Международное агентство по атомной энергии
Vienna International Centre
PO Box 100
1400 Vienna, Austria
Телефон: +43 1 2600 22529 или 22530
Эл. почта: sales.publications@iaea.org
https://www.iaea.org/ru/publikacii

23-04764R-T

FSC
www.fsc.org
MIX
Papier | Fördert
gute Waldnutzung
FSC® C083411

Zeitfracht Medien GmbH
Ferdinand-Jühlke-Straße 7
99095 Erfurt, Deutschland
produktsicherheit@kolibri360.de